Smile, please

smile 180
錯把工作當人生的人：
讀懂同事內心小劇場，擺脫無用情緒包袱，劃清職場與生活界線
作者：娜歐蜜．夏拉蓋（Naomi Shragai）
譯者：許恬寧
責任編輯：張晁銘
封面設計：兒日設計
出版者：大塊文化出版股份有限公司
105022 松山區南京東路四段 25 號 11 樓
www.locuspublishing.com
讀者服務專線：0800-006689
TEL：(02)87123898　FAX：(02)87123897
郵撥帳號：18955675　戶名：大塊文化出版股份有限公司
法律顧問：董安丹律師、顧慕堯律師

總經銷：大和書報圖書股份有限公司
地址：新北市新莊區五工五路 2 號
TEL：(02) 89902588　FAX：(02) 22901658
初版一刷：2022 年 3 月　初版三刷：2023 年 6 月

定價：新台幣 350 元
Printed in Taiwan

國家圖書館出版品預行編目資料

錯把工作當人生的人：讀懂同事內心小劇場,擺脫無用情緒包袱,劃清職場與生活界線/娜歐蜜.夏拉蓋(Naomi Shragai)著；許恬寧譯. -- 初版. -- 臺北市：大塊文化出版股份有限公司,
2022.03
276面；　14.8×20公分. -- (smile；180)
譯自：The man who mistook his job for his life
ISBN 978-626-7118-08-5(平裝)
1.CST: 職場成功法 2.CST: 自我實現 3.CST: 生活指導
494.35　　111001665

THE MAN WHO MISTOOK

HIS JOB FOR HIS LIFE

錯把工作當人生的人

讀懂同事內心小劇場，擺脫無用情緒包袱，劃清職場與生活界線

Naomi Shragai

娜歐蜜・夏拉蓋——著

許恬寧——譯

本書獻給我的先生查理（Charlie），他是世上最好的人。

作者的話

本書提及的患者姓名、身分與其他特徵（包括年齡、性別、職業等等）經過更動，以保持匿名性。有時為了解釋普遍存在的特質，也會將多人的例子合而為一。我由衷感謝我的病患，他們大方鼓勵我說出他們的故事。

目錄

相關發展反映在我的心理治療工作。我三十多年前開始看診，日後也開始提供企業顧問服務。一開始，我處理個人議題與關係破裂等心理治療的傳統主題。然而，過去十五年間，人們來我的診療室時，愈來愈多是為了工作上的事。他們帶著各式各樣的不安來見我。有的患者忍不住要討好別人，變得唯唯諾諾；有的人掙扎於「冒牌者症候群」(impostor syndrome)，擔心自身的能力不足以應付工作。有的人則相反，他們是完美主義者或控制狂，無法放手把責任分配出去，反而損害到公司的目標與個人成就。有的人無法忍受他們眼中辦公室的不公，或是不曉得該如何處理閒言閒語，派系小圈圈或恃強凌弱令他們不知所措。我的當事人碰上的問題，通常令他們的幸福快樂蒙上陰影，阻礙職涯的前進，他們感到工作環境既不安全又令人難以忍受。對許多人來講，在他們的生活中，辦公室的關係甚至比家庭關係還重要，他們煩惱的事繞著工作打轉。

許多來看診的人，一下子就發現自己面對的問題其實源自童年的經歷。換句話說，他們工作的時候，複製了人生早期不理想的家庭動態。一旦了解這點後，問題就變成：**「為什麼我會重複讓自己如此不快樂的模式？」**如同你將在本書中看到的許多例子，答案出乎意料但很簡單：人會忍不住接近熟悉的事物，那股吸引力太強大，甚至超過我們有意識的想望。舉例來說，你小時候經常挨罵，導致你害怕被權威人士否定，甚至極度恐懼犯錯，怕到腦筋一片空白，無法按時完成計畫，反而招來你試圖避免的批評。雖然我們會忍不住回到熟悉的事物裡，熟悉令人安心，但停留在已知的事物裡不會帶來成長。

我輔導過的許多人，他們來見我之前，已經嘗試過要克服這一類的無力感、負面思考與有害的習慣，方法包括正向思考、閱讀商業自助書，或是參加工作坊，卻依舊愈陷愈深。在商業世界裡，人們很少會第一個就想到要做心理治療。然而，當你無法改變思維與行為，甚至是不清楚自己為什麼會這樣，也知道自己正在傷害公司或自身的職涯發展，我認為此時應該要進一步檢視自己。至於該怎麼做，我將以故事來舉例，過程中也會請各位思考一些問題，內容取材自我擔任心理治療師與企業顧問的歲月。

如果是憂鬱、悲傷或離婚等私人議題，尋求治療是愈來愈普遍的作法。然而，如果是工作上難解的事，人們很少會想到要檢視自己的心理層面。背後的原因或許是長期以來，人們都誤以為工作主要是一個理性、客觀的世界，有著特定的目標，和情緒沒有太大的關聯。有的人甚至認為找治療師代表軟弱或「有病」，不自覺地害怕尋求協助後可能揭露出的事情。此外，企業與組織也通常偏好評估、訓練與課程等快速的具體解決辦法，不會花時間探討複雜的人性。此外，有的雇主堅信，員工私底下的生活或情緒如果有什麼困擾，不該帶到公司來，永遠應該把心思百分之百放在工作上才對。曼儒・凱特・維瑞斯(Manfred Kets de Vries)是著名的心理分析師，在歐洲工商管理學院(Insead)擔任領導力培養與組織變革教授，他告訴我：「在許多高階主管心中，最理想的員工是剛剛離婚，住在空蕩蕩的公寓，帶睡袋搬進辦公室，一天工作二十四小時。」

老實講，不論我們走到哪，一團亂的情緒生活全會跟著我們，也會帶到工作上。除了我們的技能、熱忱與志向，我們也會把**「內在生活」**帶進辦公室，包括我們多愁善感、誤解、恐懼與不安，也就是有時會綁架我們的強烈情緒。那些東西有時是無意識的。在我們早期的人生，有些事太痛苦，難以面對，我們把那些過往埋藏起來。

不論我們是否意識到，但我們的家人，尤其是我們最早期的關係，深深藏在我們心底，影響著我們日後所有的關係，包括職場關係。我們把早期的痛苦感受與經驗趕出意識，但那些東西不曾消失，依舊存在於我們無法控制的潛意識裡。被壓抑的回憶的常見出口，就是我們會在辦公室裡再度上演早期的家庭經歷，我們的主管與同事在不知不覺中，扮演著我們關係最密切的親人，例如：我們可能把男性上司當成父親，在今日扮演我們童年歲月的權威人士，或是把他們當成我們渴望能擁有的父親。其他的例子包括我們被家庭紛爭傷害過，感到被排斥。我們壓抑住那樣的感受，但和同事產生爭執時，那些情緒一下子跑出來。

如果我們很幸運，家人以溫暖、愛與關懷，回應我們最早期的需求，我們八成會假設主管也將關心我們，以公平的方式對待我們。然而，如果我們在早期的人生被忽視，父母曾以任何方式傷害過我們，我們會比較難信任同事，甚至預期人們會對付我們，扯後腿，想要趕我們走，很容易陷入疑神疑鬼的思考。

我們的潛意識有可能不斷在不知不覺中冒出來，以有害的方式影響我們的思考與感受。從前沒解決的衝突，有可能在今日肆虐我們的職業生活。平面設計師布萊恩（Brian）向我求助，他恐懼權威，而他的表達方式是以很衝的態度對待主管與同事——即便大家其實試圖幫他。這是怎麼一回事？原來布萊恩由單親媽媽扶養，媽媽再婚後把注意力放在了和後夫生的兩個孩子身上。母親的世界原本繞著布萊恩轉，但他在六歲後失去了母親的關愛，必須和以欺負他為樂的繼父爭寵。布萊恩成為家中的外人，而他日後把這樣的感受帶到工作上。他與繼父之間的關係，造成他對權威人物有著深沉的恐懼與不信任感。

回應被壓抑的過往，未能回應真正的現實，很常成為工作上的困擾與摩擦來源。辦公室因此成為溫床，滋生不理性與未解決的爭議。直覺能協助我們察覺同事不理性的行為，但我們很難留意到自己陷入內心的小劇場——感覺又來了，過去同樣的事又發生了。除非你開始意識到，你在工作中碰上的某些問題，雖然是無意間的，可你自己也脫不了關係，否則不可能解決此類傷害職涯的問題。

職業生活的心理挑戰不該被低估，每個人不免會湧出不舒服的情緒。失望、沮喪、嫉妒，甚至是貪婪與憤怒，全都或多或少會帶來影響。始於二〇二〇年的新冠肺炎疫情迫使人們遠距工作，這樣的焦慮變本加厲。在辦公室工作時，如果開完會或做完簡報後，感覺不太順利，你通常能和不同的人聊一聊，確保一切沒問題，但封城期間的Zoom會議則結束於螢幕一片漆黑、悄然無聲，而且大部分的時候，你是獨自待在房內，胡思亂想可能趁虛而入，一發不可收拾，也因此更是要留意工作上的情緒溫度，檢視如何能確保心理健康。

或許是因為我們工時延長，現代工作又充滿不確定性，職場甚至取代家庭生活。我們早期和手足、父母與其他權威人士之間未解的衝突，這下子在職場上爆發出來。我們的想像力有可能壓過真實的情況，火上澆油，內在與外在世界的矛盾愈演愈烈。幻想出來的誤會所引發的負面情緒，有可能和真正的錯誤一樣糟或更嚴重。當你認為別人在攻擊你，你感受的威脅就好像是真的一樣。

這種情形會替個人帶來更大的風險，因為相較於家庭，企業與組織更不會容忍情緒性的行為。親密的個人與家庭關係不論有多緊張，通常更安全、更能包容情緒爆發。親密關係帶有愛與歸屬感，在乎人們幸不幸福，企業則重視業績。人們雖然會離婚與家庭破裂，但通常會忍到一定的程度，才打破這樣的連結。工作世界的容忍度則沒這麼高。事業夥伴有可能因為很小的事就分道揚鑣，利潤下跌會導致裁員，損失將造成公司歇業。公司裡的翻臉不認人與失敗風險高過家庭，導致不安與情緒大起大落。我的心理輔導客戶想跟我談的就是這樣的事——他們在工作時，感到心靈更脆弱。

近年來，致力於減少霸凌、羞辱、性騷擾或種族騷擾，重視改善個人行為的風潮，無疑是一股好的力量。不過，職場不允許家中不免會出現的吼叫、動怒、爆哭，也造成此類失控背後的恐懼與情緒，缺乏被表達或理解的空間，結果通常是人們內化情緒，有可能引發憂鬱，或是以有害的方式發洩。不去面對衝突與強烈情緒，不代表它們會自動消失，而是藏在角落，伺機而動，相關的例子包括惡意造謠、故意缺席會議、隱瞞能幫忙同事的資訊等等。

具備情緒成熟度，有能力處理職業生活不免會挑起的強烈情緒，將是成功與提高職場滿意度的必要條件。具備這種能力的人士，通常在辦公室政治中游刃有餘，有辦法與同事合作，步步高升。不擅長處理強烈情緒的人則通常會搞到一塌糊塗。若要撐過工作帶來的挑戰，關鍵是讓我們潛意識裡的動機浮出水面，仔細思考，加以駕馭。要是缺少這樣的自覺，潛意識通常會不受控，搬石頭砸自己的腳。

閱讀本書能協助你篩檢職業生活帶來的困擾。你將了解為什麼自己會對辦公室政治，有著強烈或有時是不理性的反應。找出自己的反應是怎麼一回事，將能減輕你的激烈感受，進而做出更好的決策，合作更有效率。你將更願意接受建議，不再感覺被針對，更願意聆聽不同的作法。了解自己的早期經歷與潛意識動機是如何扭曲你對職場事件的看法後，自然能出現這樣的正面結果。缺乏這樣的能力將帶來誤解情境的風險，衝動之下回應，或是對同事下錯誤的判斷。

本書的另一項目標則是協助你理解他人的行為。那些行為看上去是在刻意作對、不公平，甚至是瘋狂。自我覺察能協助你以更精確的方式，讀懂他人與情境，進而獲得特殊的職涯優勢。

我不會和許多商業書一樣，提供「成功的十二步驟」公式。那是一種不切實際的保證，沒有人人都適用的萬靈丹。我們每一個人的成長背景與心理素質都不一樣，本書提到的各種問題，人人都必須以適合自己的方式來解決。我們必須自行負起責任，找出答案。

許多書籍是專為領導者與資深管理者所寫，本書挑選的問題則是大部分的人都會碰上的，不限於管理階級。不過，很多地方依舊會讓管理者會心有戚戚焉，例如許多剛升上管理職的人士，很快就發現位置不一樣後，先前讓自己得以升職的技能不再管用，甚至有副作用。他們擔任先前的職務時，有辦法壓抑過往的內在衝突，但新角色通常會挑起內心深處下意識的不安感受。我將探索常見的領導障礙，例如：落入理想化、自戀與未能授權的陷阱。

我將解釋為什麼如果能開闢出不同的人生軌跡，走上健康、創意與脫胎換骨的道路，早期的家庭失能反而能成為職涯助力。我們其實可以透過學習忍受不舒服的感受，面對殘酷的現實，培養個人洞見，建立起心理韌性。好好面對自己的過去，阻止自己一再落入熟悉但有害的關係動態，就能改善職業生活。

我們的工作人生太長了，耗費心神，在生活的各方面都可能導致自我毀滅，然而成功與滿足感才是所有職涯的目標，我希望繼續閱讀本書，將能協助各位走向更圓滿的結果。

1 被強烈的情緒劫持
——以及我們在工作地點出現的防衛機制

「未能表達的情緒永遠不會死去，只是被硬生生活埋，日後以更醜陋的形式出現。」——西格蒙德·佛洛伊德（Sigmund Freud）

有一天，我突然接到一通電話，一名叫費莉希蒂（Felicity）的女性告訴我：「我的工作真的碰上瓶頸，我知道我需要協助。」我從電話中的聲音聽到絕望，幫忙安排了最早的看診時間。

一星期後，費莉希蒂抵達我的診療間，她身材嬌小，有一頭金色的頭髮，單身，五十歲出頭，先前被提拔為倫敦某獨立金融機構執行長的副手。費莉希蒂散發著溫暖的氣息，但我留意到她性格裡的膽怯——我心想，對她這種位高權重的人來講，這點很不尋常。

在我們的諮詢時間，費莉希蒂談到自己在工作中過著雙面生活。她成功讓同事相信，不論遇上什麼危機，她都有辦法不慌不忙處理。但事實上，焦慮和不安一直折磨著她。她因為擔心工作會「出錯」，大多數夜晚難以入眠。費莉希蒂因為成功在辦公室裡塑造自信能幹的形象，好多人帶著煩惱去找她，向她傾訴，她因此掌握很多小道消息，居於有利的職場地位。然而，費莉希蒂一點都不認為自己握有影響力，反而感到負擔很重，害怕丟工作。她職位很高，但她感到手中沒有任何一丁點的權力。實際「擁有」權威與「感到」有權威是兩回事。

費莉希蒂對外營造的形象與她內心實際的感受，兩者的差距大到她甚至不敢休假，害怕自己一不在，真相就會揭曉——公司其實沒她也沒差。儘管同事永遠大力肯定她，公司也提供分紅等財務獎勵，費莉希蒂極度焦慮自己會被當成可有可無的人。由於費莉希蒂不認為別人的讚美是真心的，她持續困在負面循環，認為唯一的解決之道就是奮力工作。

費莉希蒂和許多人一樣，她的感受不是來自現實，而是在回應早年經歷帶來的不安感。費莉希蒂向我透露，她的父母只顧著自己想顧的事情，鮮少回應她的需求，注意力全放在她哥哥身上，原因是哥哥是「問題兒童」，嗑藥逃學樣樣來。費莉希蒂努力當個好孩子，但沒人在乎這件事。

「我哥天天惹事生非，大家的注意力都放在他身上，我則是乖寶寶。」費莉希蒂告訴我。「我心想：『我要當個好女孩，我會做對的事，我不會碰毒品。』我是好學生，成績永遠是頂尖的。」

費莉希蒂徒勞無功，不曾獲得渴望的父母關愛。她有一次甚至發現，爸媽和哥哥一起吸大麻。哥哥行為不良，卻因此和父母建立起特殊的親子關係，她被排除在外。這種不公平的事令費莉希蒂忿忿不平，更多的是感到不被當成一回事。

費莉希蒂因為在人生的早期階段被忽視，她感到在同事之中也無足輕重，因此加倍努力工作，以確保不會被遺忘。然而，費莉希蒂和小時候一樣，感到沒人看見她替工作付出大量的心血，一切實在是太不公平，太令人生氣。事情甚至雪上加霜，她的上司迷戀上一個能力平平，但魅力非凡、年紀又比較輕的同事。其他還有幾位比較有資格升職的同事，但上司完全無視於團隊的不服氣，年輕貌美獲勝。這下子，費莉希蒂更不可能獲得她渴望的關愛眼神，歷史再度重演：爸媽偏心哥哥，現在老闆又偏愛工作能力差的人。

我們和費莉希蒂一樣，每天帶著兩種現實去工作。一種是外在的、真正的職業生活現實。我們努力在那個現實中做出成績，出人頭地，獲得財務的獎勵。然而，我們的內心有另一個不一樣的現實，由我們的獨特心理特質組成，包括我們的不安與誤解。這種內心現實主要源自潛意識，受壓抑的一切都棲居於此：痛苦回憶、種種衝動與渴望，我們人生初期所醞釀的，都在潛意識裡落地生根。這個內在現實的任務，不同於我們的外在現實，包括不讓不堪的事實與痛苦回憶失控，或是和費莉希蒂的故事一樣，必須化解過去未解的衝突。

費莉希蒂不曾成為父母眼中的心肝寶貝，但工作給了她受人重視、稱讚與關注的機會——她有機會證明自己的確值得被愛。由於這兩種現實有著不同的目標，在心中造成衝突，有時還會外顯。只要內在的動機一直藏在我們的潛意識裡，我們就無從掌控，而當內在動機與外在現實起衝突，有可能爆發混亂與強烈的感受，妨礙我們的職涯，造成我們和同事發生摩擦。

表面上的工作動機，很容易找出來。例如：你希望執行某個專案、改善領導能力、回應顧客需求，或單純希望能撐到下午五點，暫時擺脫 Zoom 視訊會議幾個小時。你因此會訝異，我們所做的大大小小的決定，背後的動機有很大一部分，其實源自我們的潛意識想遠離不愉快的情緒。想一想，你下的哪些決定、你採取的哪些行動，事後回想起來，其實是為了避免感到焦慮或尷尬，例如：下屬犯了重大錯誤，但你沒指正他們，或是客戶提出不合理的要求，但你依舊同意。接下來，想一想如果你能夠**面對**那些感受，你會出現什麼樣不同的回應。好了之後問自己：「對公司和我的職涯發展來講，哪一條路才是最理想的？」

在工作上被強烈的情緒劫持，有可能導致糟糕的後果，害我們無法以清楚的頭腦思考，準確判讀情勢，最終無法專心工作。職業生活需要自覺的能力，而獲得這種能力的必要條件是除了學習忍受強烈的情緒，也要了解那些情緒來自何方、為什麼自己會感到困擾。如果我們能學著面對與**控制**強烈情緒和焦慮，而不是**逃避**，我們將更有能力處理危機四伏的辦公室政治——在這種時刻，勇於冒險、接受自己的錯誤，以及理解我們感到不可理喻的人，全都能幫上忙。

許多人感到工作最困難的地方是下決定，或是談會導致情緒激動的事。他們有著不理性的恐懼，擔心做錯決定將導致可怕的後果，例如想像要是冒著財務風險擴張公司，有可能生意失敗，自己將一貧如洗；或是擔心別人會認為他們冷酷無情，被當成壞人。許多人向我求助時，坦承腦中幻想著這類不切實際的恐懼。

這樣的恐懼有可能讓我們的工作籠罩著陰影，不過許多恐懼其實其來有自。沒人想要愧疚，沒人想要被討厭。如果不必擔心被排擠、忽視或批評，人們做起事來將肆無忌憚，辦公室變成更不愉快的工作地點，信任瓦解，降低完成計畫的可能性。人們會安分守己，通常是因為預期會丟臉或有罪惡感。然而，如果因為試圖避免負面的感受，反倒引發更大的問題，此時有必要進一步檢視自己。

我們為了在工作上保護自己，試圖表現出最好的一面，其中包括「壓下」負面感受。學會控制自己的怒氣、嫉妒心與不安，其實是實用的技能。我們全都在工作中碰過那種控制不了自己的人，很清楚那種人會讓工作環境有多烏煙瘴氣，他們的風評有多差。如果能忍住不舒服的情緒，不發洩出來，就更能夠去思考事情是怎麼一回事，並以更深思熟慮的方式回應。

然而在此同時，有的情緒躲在靠近潛意識表層的地方。光是一些小事，就很容易爆發出來。那樣的事讓我們猝不及防，碰觸到我們的敏感神經，我們感到是針對我們個人而來，或是如同費莉希蒂的例子，過去的創傷經歷讓我們跳腳。你可能注意到老闆對同事微笑，但把你當空氣。接下來，開會沒討論你的點子，你被告知你被排在下星期的議程表，但後來所有人都忘了這件事，你感到莫名受傷。或是想到要做年度檢討，你就睡不著覺。這種瞬間會引發強烈的情緒，你出現更有如孩童而非成人的反應。當我們冒出和實際發生的事不成比例的情緒，不理性的程度將升高，甚至出現妄想。

雖然我們認為自己的決定背後是理性思維，我們往往被感受牽著鼻子走。照著「心中的直覺」行事，遠比把事情仔細想清楚容易。動腦需要花時間與力氣，一般還會帶來困惑與舉棋不定，我們通常會想要甩開這樣的心理狀態。

此外，工作帶來的感受具備多重意義。在某種層面上，我們可以「照單全收」，跟著感覺走，例如：要是累了，那代表需要休息；如果我們不放心某個客戶，或許的確需要多留點神；如果擔心無法升職，我們需要更努力工作。感受是很有用的嚮導，但也可能帶我們走錯路。舉例來說，樂觀與渴望可以推動計畫，但過分躍躍欲試，將造成我們無視於危險的風險訊號；悲觀能提醒潛在的陷阱，但也可能讓點子還沒開始就結束了。

當我們被強烈的情緒劫持時，意味我們活在過去的程度，有可能多過活在現在。不得上司的寵，或許的確是令人沮喪的理由，但如果你因此憤怒到失去所有的工作動力，那麼你需要檢視那些感受來自何方。目前的情境激發了你壓抑的過往情緒，或許以前曾經有人對你不好，你不得父母的歡心。換句話說，你的感受帶你走上錯誤的道路。

學習分辨可以相信與誤導人的情緒，將是正確判讀情境、做出最佳決定、培養良好工作關係的關鍵。我們將不只需要具備情商，包括同理心、自我調整（self-regulation）與社交技能等等，還必須學習自我覺察（self-awareness），分辨過去與現在，讓潛意識的衝動，上升至意識的層面。例如：費莉希蒂意識到自己的焦慮與憤怒其實源自早期的家庭生活後，她逐漸能包容這樣的情緒。

許多來找我的人訝異，原來可以把情緒放在心裡、想一想是怎麼一回事就好，不一定必得做些什麼；也就是說，情緒是可以被**理解**與**控制**的。有的人堅信自己會有那麼強烈的感受，證明他們「是對的」，他們有權愛怎麼做就怎麼做。事實正好相反，當感受和事情的嚴重性不成比例，更可能的實情是你扭曲現實，你是在回應過往的事件或內心的狀態。

除了情緒會影響我們在職場上的決定與行為，我們也可能被**想像中**而不是**實際**的情境帶著走。學習分辨這兩種現實是重要的步驟。不過別忘了，相較於真正的現實或外在的現實，想像中的現實有可能力量一樣強大，甚至威力更猛。如果想像中的現實讓我們高度焦慮，我們的工作有可能不必要地變得無法忍受。舉例來說，我們因為讓自己相信，只要犯一點小錯就會被嚴厲批評，為了不被罵，我們不必要地延長工時，或是如果我們認為，人要「靠自己」才能成功，我們將錯過別人提供的協助，看不見旁人的支持。

簡而言之，工作場域是心理的融匯之地，上演各種隱藏的情緒，每個人都把自己的內心生活帶進辦公室。每個人的行為或多或少受早期的家庭生活影響，也難怪關係緊張，情緒高漲。再加上競爭帶來的壓力、令人缺乏安全感的工作文化，以及過勞的情形，我有時會想，職場上有著這麼多不理性的思考與行為，居然還是可以有效完成工作，締造成功的企業，這可真是一大勝利。這是員工、管理者與領袖的功勞，他們走過危機四伏的局勢，排除萬難，做出成績。

事業要成功的話，關鍵是有能力分辨外在的現實與內心的小劇場。不過，光是意識到自身的感受還不夠，這只是情緒成熟之旅的第一步。我把下一步稱為**「抑制」**（inhibition），也就是當你的想法誤導了你對於事物的看法，你要找出那個想法的源頭，不衝動行事，挪出時間以更精確的方式考慮與評估情勢，給自己心理空間，判斷你究竟是在回應內在的事件，還是外在的事件。雖然眼看最終期限就要到了，你隨時處於交出成績單的壓力，還得面對來自四面八方的干擾，很難花時間反省，但長期而言，思考這樣的事反而能省下時間，因為你不會製造出不必要的麻煩。

不過，初步了解事情背後的原因，不是故事的結尾。你需要時時刻刻提醒自己，意識到自己出現防衛反應，加以抑制，事情才會有所不同。一次又一次回應真正發生的事，將協助你開闢出新的理解與回應方式。我們用心去做的事會帶來成長。當我們把注意力放在過去不健康的模式，那些模式會持續扎根。然而，如果我們專注於有創意的新反應，我們將能培養出健康的那一面。

雖然這個過程通常很漫長，走走停停，我們了解事情是怎麼一回事後，那個洞見將滲透我們的意識，帶來深層的觀點轉變。你將逐漸改變對事情的看法。原本覺得不可能合作的人，突然間好像可以親近了。原本令你焦慮的日常工作出現變化後，你會感到可以勝任，跌倒後重新站起來的速度也加快。你持續留意自己的觀點、感受與反應後，自然會出現這樣的變化。且一旦我們的自我察覺程度夠高，就有能力克服辦公室生活中的挫敗與打擊，以及失敗帶來的失望，還有犯錯帶來的羞愧，此時還得更上一層樓，體諒每個人都帶著情緒包袱來工作 —— 也就是他們的不理性、誤解與不良行為。不只是你，每個人都帶著自己的過往進入現在。

假使費莉希蒂明白，自己在工作時的反應，與她早期的人生有關，她就有辦法以不同眼光看待這份工作，有勇氣向人資舉報上司。她的團隊會因此更有安全感，知道不合適的舉動會被嚴肅看待。費莉希蒂若能替自己和下屬挺身而出，將有助於培養出真正的內在權威。然而，實際發生的情形是費莉希蒂的潛意識戰勝意識，她沒適當運用自己的職權，反而回到童年時期的心境，未能開闢出新道路，走上熟悉的老路。

此外，費莉希蒂的故事也點出人們在逃避焦慮與各種不舒服的情緒時，運用了哪些心理策略或防衛機制。在許多人耳裡，「防衛機制」幾個字帶有負面意涵，相關詞彙被用來批評他人，例如：「她這個人防衛心很強」的言下之意是這個人咄咄逼人，聽不進別人說的話，或是同時性格強悍，耳朵又硬。防衛令人感覺是適應不良與有害的心理機制。

防衛機制的確有其負面，但也具備相當正面的作用，讓我們免於具有威脅性的強烈感受，例如：羞愧、悲痛、嫉妒、憤怒等等。大多數的情況下，防衛機制是健康與正常的，我們全都在各種程度上仰賴防衛機制，以掌控自己的情緒生活，更能忍受這個世界。要是少了這樣的機制，我們全都會被強大的情緒淹沒，無法好好工作。

防衛機制五花八門，雖然全都能保護個人免於真實或感覺上的威脅，有的機制比其他的持久。例如：**「反向作用」**（reaction formation）是指碰上無法接受的特質時，反其道而行，以減少自己感到的威脅。費莉希蒂試圖隱瞞她自認擁有的負面特質（軟弱與不安），方法是表現出沉著自信的樣子。此外，費莉希蒂鮮少獲得父母的關注，而她讓人們注意到她的方法，就是讓同事需要她，甚至是少不了她，但很可惜也很矛盾的是，這種作法反而讓她更不可能得到想要的那種支持與肯定，因為她看起來精明幹練，胸有成竹，同事根本不會想到她會需要別人的關愛。費莉希蒂唯一做到的事，就是重演孩童時期不快樂的模式。

在此同時，費莉希蒂的上司則出現**「否認」**(denial)。這是另一種常見的防衛機制，功能是避免出現罪惡感與羞愧等不舒服的感受。「否認」的意思是拒絕接受某個情境，協助我們度過最初的危機時刻，例如：突然發生巨變時，我們會喃喃自語：「這不是真的。」然而，在比較不理想的例子裡，拒絕接受必須正視的現實，將帶給個人與組織災難，費莉希蒂的上司正是如此：他最終因為好色被踢出公司。

另一種防衛機制是**「分裂」**(splitting)，只接受好消息，聽不見壞消息。「分裂」源自我們忍受不了複雜情緒引發的緊張與困惑，透過這種方式把情境簡化成非黑即白，去除所有的矛盾與模稜兩可，協助我們解決緊張感。舉例來說，由於人有很多面，我們有可能同時欣賞與討厭老闆，因此感到矛盾，而負面或敵意的情緒，有可能強烈到壓過正面的情緒，造成我們與老闆的關係似乎到了無法忍受的程度。然而，如果我們同一時間也意識到，自己還是有欣賞老闆的時刻，那麼老闆突然間好像也沒那麼惹人厭了。如果你經常斷言，某件事或某個人是全好或全壞，那麼你需要學習活在灰色地帶。灰色比較符合現實的情形。同樣的，只見到別人的短處，認為自己都是好的，或是倒過來，認為別人都很好，自己都不好，那也是有害的想法。例如：把失敗全怪到某個同事頭上，忘了自己也該負起責任，或是反過來，認為全是自己害的，陷入極度的懊悔之中。

分裂的另一種可能性是不理會或切割自己的負面特質，例如：操縱、軟弱或攻擊性等等，認為是別人有這些特質，也就是出現**「投射」**（projection）。投射也是一種防衛機制，我們不喜歡自己的某些感受或特質，撇清關係，賴到別人身上。仰賴投射機制的人，最終通常會責備或欺負他們錯怪的人，試圖全面分割這些特質。

相關機制或許聽起來不理性，但如果不到極端的程度，顯然能帶來好處。若是不運用部分的防衛機制，大概不可能應付工作上的要求。例如：你告訴自己事情其實沒那麼糟，加以**「合理化」**（rationalisation），協助自己應付排山倒海的壓力。或是你吞下對經理的怨言，在家裡發脾氣。這種叫**「轉移」**（displacement）的機制可以避免在辦公室起衝突。**「理智化」**（intellectualisation）是另一種防衛機制，可以消除干擾理性決策的情緒過載，專注於思考，不去管感受。有時為了顧全大局，有必要下達會傷人的冷酷決定。

大部分的人在有限程度內運用防衛機制，就已經足夠。防衛機制讓我們得以在極端的壓力下專注，在不適合表達情緒的時刻控制住脾氣。然而，否認等防衛機制愈僵化，現實被扭曲的程度也愈高，更可能誤判情勢，引發問題。此外，相關機制最終會瓦解，我們將得面對被忽視太久的問題。舉例來說，如果因為焦慮而迴避做決定或不採取行動，最終要處理的問題將只增不減。招募新血時，面對雇錯人的事實不容易。相較於準備好面對未來的混亂，處理更大的麻煩，比較容易的作法是說服自己，那個人「也沒那麼糟」，或「等他有經驗就會好了」。

也就是說，我們的防衛機制能在工作時派上用場，但也有風險和限制，尤其是職位愈高，先前有辦法壓下負面情緒的防衛策略，將不再那麼有效。隨著責任增多，要管理的複雜人際關係增加，防衛機制的侷限將暴露出來，例如擔任高階職位時，要是還靠賴給他人來推卸責任，或是否認存在關鍵的問題，將引發更大的問題。

另一件要考量的事則是當你的防衛機制變得太僵化，你不只會把不好的情緒拒於門外，就連職涯發展所需的正面感受，也會一併被排除在外。舉例來說，過度理智化的人通常不去接觸自己的感受與直覺，然而感受與直覺是重要的引導，可以協助我們理解同事、處理辦公室政治與發揮創意。

即便我們能意識到自己某部分的防衛策略，破壞力最強的策略不在意識察覺的範圍內，這就是為什麼我們很難控制自己的反應。舉例來說，合理化或轉移會比否認或反向作用更容易察覺。此外，辨識同事與主管的防衛反應，遠比察覺自己的反應容易。事實上，別人向我們指出這些特質時，我們八成會出現防衛心，錯過成長機會。如果你無法坦然接受別人的回饋，明智的作法是思考為什麼自己的反應會這麼激烈。不妨和信任的人聊一聊，不管是不是工作地點的人都可以，對方或許能指點迷津。我們都需要對自己的反應保有警覺，防衛機制太常在失去作用或發生危機時，才變得明顯。

我們全都在一定程度上，在外面戴著面具做人，不暴露內心深處的弱點。為了保住工作與升遷，我們必須讓別人相信我們有自信、也有能力做得很好。雖然有必要，面具也意味著我們對外營造的形象，卻不一定符合我們真實的想法與感受。如同費莉希蒂的例子，兩者差距過大時，有可能導致偏執的想法，逕行認定暴露內在的自己後將發生哪些事。

實用的作法是把自己想成有很多「面」。一部分的你試著解決過去發生的事，另一部分的你則下定決心要處理現在的問題。舉例來說，你的工作可能需要你展現創意，而雖然一部分的你立志要成功，另一部分的你則擔心說出自己的點子將引發負面的迴響。或許你過去在家裡或學校，曾在這方面被取笑過，往事不堪回首，你不想再經歷一遍那種事。這代表你害怕成功嗎？不完全是。這代表雖然一部分的你下定決心拿出好表現，另一部分的你則焦慮會再次丟臉。你天人交戰。如果不去理解與控制潛意識的部分，你有心做好的努力會很容易遭受打擊。

體認自己有很多面後，你將感到自由——當你知道雖然自己有不安或不成熟的一面，那無法完整定義你這個人，你將比較容易忍受那樣的特質，大步向前。學著發揮自己較為健康的一面，將能協助處理潛意識的你，或是控制住自己較為有害的那一面。

好好想一想，你的情緒生活如何跟著你到工作中。你為了逃避不舒服的感受，有可能下意識採取了哪些防衛策略？按下暫停鍵，思考接下來的幾個問題。別忘了，沒有所謂的「正確」答案——這些問題只是要鼓勵你反省自己。天馬行空一下，如果事情發生在生活中的其他面向，看看你能否找出先前沒注意到的連結。找出「過去」與「現在」之間、「家庭生活」與「職業生活」之間的模式。區分哪些是過去的事、哪些是現在的事，將能協助你活在此時此地。

□ 你不喜歡自己的地方，你是否矯枉過正？例如：你有可能表現出信心滿滿的樣子，以掩飾你其實感到心虛？

□ 你是否曾經拿無辜的人出氣？這是典型的「轉移」防衛機制。

□ 如果有人讓你不高興，你是否通常會因此認定他們一無是處？這是典型的「分裂」。

□ 當你厭惡自己的某些特質，例如：軟弱、缺乏安全感或貪心，你是否對具備相同特質的人敵意特別強？這是典型的「投射」。

□ 你如何回應工作上批評你的聲音？你通常會想替自己辯護？還是你會內化那些話？

有一次，朋友和我討論這個主題後，垂頭喪氣地告訴我：「做人可真難，不是嗎？」她說得沒錯。我們全都有害怕的事，我們全都有脆弱的地方。不過，接下來的章節會努力讓大家的人生比較不難一點。

2 冒牌者症候群

——感到自己是假貨，有時是好事

我感到有人會對我說：『你在這裡幹什麼？』然後我會回答：『我只是努力要完成這件事。我還沒法完全掌控每件事，可我正在盡我一切的所能。』我感到**老闆**絕對會說：『拜託喔，威廉，這你根本不會，去去去，去做別的事。』」

「我去上班的時候，有時感到胸口有一股龐大的壓力。我永遠害怕我會漏掉某件事——最新的一封電子郵件，我看了嗎？萬一有人打電話找我，我會不會搞砸？我就是那樣覺得的。然而，人們卻告訴我：『你永遠看起來每一件事盡在你的掌握之中。』我根本不那麼覺得——我感到混亂，而混亂很累人。」

威廉（William）講出真實的感受，令人感同身受。他的話一針見血，直指冒牌者症候群的核心。他的例子很極端，本章晚一點會再回來談他，不過每當我提起這個症候群，大家的反應通常是：「想太多，每個人都這樣。」這句話某種程度上是真的，的確幾乎每一個人偶爾都會感到像是冒牌貨，害怕被人抓到不適任。我們全都得在某種程度上，「裝到成真為止」，因為我們的職涯仰賴我們能否讓別人相信我們有能力與信心。努力拿出外界期待的樣子，其實是很正常、也很自然的一件事。然而，在裝的過程中，每個人的感受很不一樣——那些感受的源頭每個人不同。對某些人的職業生活來講有助益，有的則有害。

一般來講，冒牌者症候群的受害者會把一切的成功，全數歸給只不過是走運，或是有正確的人脈、大家很捧場等等。他們無法認可自己的成就，感到受之有愧。很可惜的是，這樣的人將無法從工作中獲得滿足感，自斷職業發展。即便他們一直表現得很好，他們擔心只不過是曇花一現，無法把自身的成功，視為經驗與成就不斷積累的結果。

在我們的世界，科技與工作環境瞬息萬變，伴隨種種的不確定性，以及不可避免的焦慮，大概會讓冒牌者症候群的患者人數持續攀升。隨著容錯與允許失敗的程度不斷降低，人們不斷被迫扮演新角色，感到力不從心的狀況無疑比從前還普遍。社群媒體帶來了由影像主導的文化，不斷鼓勵我們要給別人看自己最好的一面，而看見別人的生活光鮮亮麗，無懈可擊，只會強化不如人的感受，藏起自己不夠好的一面的壓力又更大了。

冒牌者症候群經常會被簡化。那種說法告訴我們，其實大家的症狀都差不多，都有同樣的抱怨。然而，冒牌者症候群的光譜其實很長。有的人只有一點不安與懷疑，尚在可以忍受的程度，此時冒牌者症候群甚至可以帶來幫助。有的人則較為極端，有可能傷害自己的效率與職涯，甚至讓事業遭受打擊。當你從偶爾感到自己是冒牌貨，變成那種感受支配著你的決定與行為，例如：拒絕升職、迴避必要的風險，或是一直拖延，什麼事都做不成，此時冒牌者症候群便成為問題。

很少人能完全免於這種困境。從低薪階級到中階經理，甚至是執行長與其他領導者（這群人其實尤其嚴重），各行各業都有這樣的困擾。有的人希望等累積資歷和升職後，就能逃離這種感受。然而，身上的責任增多後，被關注的程度也會升高，進一步導致自我懷疑，又得藏起這樣的不安。此外，人們升到管理職後，還會面臨另一項挑戰：工作內容進一步遠離他們原有的技能。人們會獲得提拔，原因是專業表現亮眼，行業知識豐富，但不一定代表他們具備管理或領導能力。他們在先前的職位獲得的訓練與專長，這下子不再重要。如今需要他們拿出管人的能力。然而，他們之所以感到自己有能力，他們的自信與個人認同，通常來自先前的職位，但突然間技術能力不再重要，他們扮演的角色變得不一樣，必須加以適應，面臨人際關係的挑戰。先前的職位能提供更為有形的結果與成功的證據，例如：完成專案、買賣成交、高投資報酬率等等，但較為高階的職位則少有如此明確的獎勵，能確認自己有成就的方法也比較少。

當你爬到高位，你的自我觀感與別人對你的看法，兩者有了更大差距，可能令人高處不勝寒。成為領導者後曝光會增加，更是加深了冒牌者症候群帶來的不安，既無法對自己的成功感到喜悅，反而成為一種負擔，別說乘風破浪，掙扎著不滅頂就不錯了。剛開始扮演挑戰性大又不熟悉的角色時，這樣的感受其實很正常。唯有經過一段合理的時間後，這樣的焦慮依舊沒消退，才會成為問題。

值得一提的是，人們有時感到問題出在自己身上，但實情是他們任職的組織，有著不切實際的過高期待。如同受虐兒會責怪自己，而不是接受原本該照顧他們的人卻在傷害他們，員工也可能認為失敗是自己的錯，沒意識到雇主提出不合理的要求。這種情形通常是依賴型的人格，他們給自己安全感的方法，就是把雇主想成最好、最棒的人。然而，當組織不允許失敗或犯錯，對員工有著過高的期待，將成為助長冒牌者症候群的推手。

接下來，我們要進一步檢視冒牌者症候群的光譜，從溫和的一端開始。在這一端，謙遜、虛心與願意示弱很有用，促使人們熱情對你，減少被同事討厭或嫉妒的可能性。

不安會也讓我們更願意替工作任務做好萬全的準備，專注於細節，更加意識到潛在的危機風險。簡而言之，稍微有點害怕被發現能力不足，將促使我們更加投入工作，也因此更可能成功。此外，也更不容易做出不理想的決定，更是會小心思考問題。

反過來講，「我什麼都會、什麼都知道」的自大態度則讓同事討厭，降低同事支持你的可能性。這樣的性格也暗示著你認為沒東西可學，不需要自我培育，嚴重時甚至會導致喪失動力。比起擔心自己是冒牌貨，這種心態更是會嚴重限制你的發展。

《駕馭不適圈》（*The Discomfort Zone*）的作者法拉・史托（Farrah Storr）指出，女性需要了解冒牌者症候群有可能是上天的賜予，而不是裹足不前的藉口。史托認為，冒牌者症候群讓女性願意搶先學習，更能應付工作面試的壓力、準備工作也做得更好、不會有勇無謀，投資報酬績效勝過男性。史托表示，感到自己是冒牌貨是你面臨挑戰的跡象，而這會促成個人的學習與成長。

某位任職於對沖基金龍頭的頂尖投資人發現，自己的投資會那麼成功，自我懷疑的心態是他的祕密武器。他告訴我：「我永遠在質疑自己。**自我懷疑**是我的投資優勢，但妨礙我領導下屬。」他擔心要是改變心態，不但會影響到投資能力，還會減損個人魅力。

此外，輕微的冒牌者症候群，也能讓人以健康的方式實際一點。忽視自身難以接受的特質將導致盲點，當我們不去理會不想要的性格，將更可能把這樣的特質投射在他人身上。認可自己的成就很重要，不過面對自己的侷限也很重要。你會因此去思考自身需要留意的地方，包括必須阻止的自我毀滅特質，或是組織裡的事務、溝通或合作等各方面需要改善的技能。你可能會因此尋求導師、教練或甚至是治療師的建議。此外，意識到自己的弱點與容易出錯的地方，也能協助你對自己抱持更實際的期待，連帶讓他人知道，可以對你有哪些期望。你因此更有能力面對未來潛在的挫折或失敗。你知道自己能承受這樣的感覺後，就更可能面對將你拋出舒適圈的新鮮挑戰，甚至樂在其中。

對症狀輕微的人來講，他們的動機比較是基於外在的現實，例如自知能力還需要磨練。扮演新角色不免會引發我們的焦慮，這很自然。然而，光譜的另一端更具破壞性也更為黑暗。在那端，神經性的冒牌者症候群，他們的動機很可能源自內心世界與早期的人生。程度輕微者比較是擔心失敗，但神經兮兮的不安感背後，甚至是害怕成功，這點我們等一下會提到。

冒牌者症候群會顯現在從輕微到嚴重的行為症狀上。落在光譜中間的人，有可能需要同事保證他們做得還可以，而這有時是好事。然而，如果過分纏著別人，要別人確認他們的表現沒問題，同事會感到厭煩，疏離他們，他們將無法獲得需要的支持。在光譜破壞性較強的那一端，比較大的陷阱是扼殺自己的創意，因為創意需要接觸與分享點子，而恐懼鎂光燈會讓人不肯採取必要的風險。冒牌者症候群患者的腦中浮現可怕的場景，想像中的結果讓他們遲遲無法下決定，也無法採取行動，點子胎死腹中。情況甚至可能嚴重到他們無法思考，而這樣的缺陷會妨礙專業上的成長，也會傷害到冒牌者症候群患者的公司或組織。情況較為極端的人，無法累積與重視自己的成就，沒辦法從一次次的成功，逐漸培養出對自己的信心。光是一次的挫敗，前面所有的功勞，就會被一筆抹煞。

心理分析師與領導力專家維瑞斯在《沙發上的領導者》（*The Leader on the Couch*，中文書名暫譯）一書中，特別提到企業與組織領導者面臨的風險。「然而，更危險的地方，在於神經性的冒牌者效應對決策品質造成的影響。自覺像是冒牌者的高階主管，不敢信任自己的判斷。他們過分小心翼翼的恐懼型領導風格，很容易上行下效，替組織帶來糟糕的結果。舉例來說，神經性冒牌者的執行長，很可能扼殺公司開闢新業務的能力，畢竟他連自己的直覺都不信任，還會相信誰的直覺？」

維瑞斯也指出，深陷冒牌者症候群的執行長，極有可能沉迷於聘請外部的顧問公司，協助自己做決定，因為「公正」的外部人士提供的信心，可以安撫他們心中的不安。

這是人們抵抗極端的冒牌者感受的方法之一。不過，最常見的防衛機制是完美主義與變成工作狂。冒牌者們會不惜一切避免錯誤，極度焦慮。一般來講，這樣的人會讓同事感到沮喪，因為他們會仔細檢查每一件工作，以至於計畫的進度嚴重落後。幻想中的錯誤，有可能感覺起來和真的犯錯一樣糟糕，甚至更可怕，而這會導致另一種防衛策略，也就是拖延。在這個人心中，想像中的結果太一敗塗地，以至於他們感到幾乎無法展開行動。

市面上的書籍和文章提供大量的訣竅與技巧，教人如何克服冒牌者症候群，例如：「說出你擔心的事」、「停止和別人比較」、「記住你完成的事」、「永不說『NO』」等等。這些建議無疑有幫助，不過如果你依舊無法克服焦慮，你將需要更深入地尋找源頭，處理背後通常與潛意識有關的因素。

我認為偏向神經性的冒牌者，種子在他們的職涯初期種下，有的人則是在人生早期就種下。再一次的，當過去未解決的衝突與工作地點發生的事混淆在一起，這種類型的冒牌者症候群，就不大可能輕鬆解決。如果要克服這樣的焦慮，將需要你首先思考自己位於光譜何處，接著試圖了解你早期的經歷是如何讓你落在那裡。

三十二歲的凱西（Kathy）事業成功，擔任某零售連鎖店的行銷主管，她因為感情危機向我求助。凱西第一次來我位於倫敦西北的診療室時，搭乘的交通工具是火車。最近的火車站離我的診療室要走十分鐘，那是一條林蔭大道，一旁的建築物，幾乎清一色是獨棟公寓，我的客戶在見到我之前，有個好時機可以整理思緒。

凱西在第一次的診療時間經常面露微笑，但笑容似乎很不自然，我猜測背後還有故事。凱西穿得很休閒，雖然穿那樣去上班還過得去，我猜她沒好好打理外表。凱西顯得友善與外向，準備好以信心十足的樣子面對治療。她的態度是在說：「謝謝，但我其實不需要任何人的協助。」

凱西開始講她的故事，告訴我男友抱怨她是工作狂，他感受不到溫暖與親密感，兩人的關係因此面臨危機。在後續的診療時間，事情逐漸明朗，凱西必須願意處理她的工作狂問題，要不然這段關係不太可能走下去。凱西和許多工作狂一樣，寧願專注於在職涯中做出成績，不想處理亂七八糟的親密關係。職場生活有界限，也因此工作的時候，凱西可以藏起**心理自我**（personal self），親密關係則讓她感到焦慮。凱西交出漂亮的職涯成績單，個人生活則一直令她感到心煩，大小衝突不斷。

「對我來講，工作是一個有秩序的地方——你能勝任你的活，你知道你被期待做到什麼。」凱西解釋。「我在工作上非常小心，絕不流露私人的一面，我很重視人們看到什麼樣的我。我不會讓任何人知道我的個人生活發生什麼事，因為我不想給人任何把柄。一部分的原因出在我是女人，我不想遭受差別待遇——我不希望在不舒服的時候，被說是因為大姨媽來了……我不會讓這種事發生。」

凱西接受過良好的教育，成績優秀，大學畢業拿的是一級榮譽學位，但她依舊時常懷疑自己，成天害怕會出錯，即便獲得升遷與其他工作上的獎勵，也無法讓她安心一點。她認為自己應該什麼都要會，不敢開口請人幫忙。

「這不是不會做某件事的問題，這是在懷疑你的個人能力、你做的事是否是對的。如果理性想一想，我當然夠好。然而，在我不知道某件事的時候——我的自信心不一定足以讓我舉手承認，說出我不知道。」

凱西理性的一面不太能平息自己的焦慮。恐懼了占據上風，她的工作狂與完美主義傾向連帶惡化。完美主義的代價很高——凱西不僅期許自己要做好，連帶也以高標準要求自己管理的團隊，同樣也對團隊有著不切實際的要求。

「我努力每一件事都要做對。」凱西表示。「我不喜歡沒有每件事都做對。我期待每一個人都要和我有相同程度的完美主義。人們做不好的時候，我真的很受不了。」

凱西事必躬親，理應放手交給新進同仁去做的事，依舊每一個細節都插手。

「你這是在保護自己，而不是保護你的同事。」我說。「你認為同仁犯錯會讓你臉上無光。」從凱西的反應來看，我的話說到痛處。

凱西仔細盯著下屬，他們沒機會犯錯，無法學習與發展出屬於自己的風格。以嚴厲的標準要求員工，屬於冒牌者症候群較為有害的一面。

凱西陷入一種循環。她對自己有著不實際的期待，緊接而來的是靠過頭的完美主義與工作狂來達成目標。做不到的時候，凱西不會調整期待，而是更加努力工作，再次陷入循環。這種模式很常見，解釋了為什麼位於冒牌者光譜有害的那一端的人士，如果未能收斂完美主義的傾向，將是職業倦怠的高風險群。

雖然凱西高度投入工作，工時極長，她滿意自己的事業，不太可能改變。她是為了挽回戀愛關係，才有動機處理根深柢固的習慣。

凱西談到自己的成長背景。她們家有三姊妹，她是大姊，一家人住在英格蘭東北破舊的住宅區。凱西七歲時，罹患精神疾病的父親離開了家。她的父親不識字，但主要是因為病情而無法工作。母親為了養家，時常一次兼三份差，也就是說經常不在家。儘管如此，凱西的母親重視孩子的教育，凱西很快就發現，在校表現好可以贏得母親的關注。

「由於我父母都不在家，沒人引導我們，也沒人指導我們，沒人跟我們說話，我們必須自己想辦法。小時候學校是我的一切，我必須成績好。我還記得考得好讓我自豪，我試著朝那條路走。」

凱西用功讀書，好讓媽媽偶爾看她一眼，長大後也努力在工作上做出成績。

「我還記得我和媽媽分享我考得不錯的時候，我是真的感到很開心。我母親很忙，她對孩子平日發生的事不感興趣，因為她不在場。沒人管我幾點起床、幾點穿衣服，家裡沒有人——你一切都得自己來。」

凱西的母親努力工作，對孩子有著很高的學業期待。凱西看著父親的精神健康每況愈下，人生跟著走下坡，她下意識害怕如果自己不跟母親一樣，遵守工作紀律，她也會步上父親的後塵，也因此任何的弱點都必須被蓋住。凱西靠著勤奮與完美主義，過度彌補工作不足的地方，恐懼要是有任何地方做不好，她的人生會和父親一樣分崩離析。

凱西害怕請求協助會被人發現她很軟弱或「很笨」，大家會知道她沒能力，也因此什麼事都自己來。然而，在工作上隱瞞弱點有代價。

「人們認為我很冷漠，我其實不是那樣的人。他們認為我只管做我自己的事，不想要別人幫忙，但實際上我會感謝有人伸出援手，只不過我會希望他們以某種特定的方式幫。我替每一件事扛太多責任，我不該那麼做。」

然而，雖然工作可以逞強，人際關係則需要你表達需求，近距離陪伴，才能培養出歸屬感與愛——而這正是凱西很難做到的地方。她的健康與個人生活因此付出高昂的代價。

「我平日不運動，又熬夜熬得很晚，所以我很累。我不會花時間好好準備餐點，每餐隨便吃一吃就繼續工作。我選擇把注意力放在工作上，而不是男友身上。」

凱西無法忍受自身的不足，進而投射在他人身上——有時投射在下屬身上，有時投射在同事身上，甚至投射在老闆身上。不過，最常遭受這種無妄之災的人是她的另一半。凱西在男友身上，看見自己沒用的父親。此外，凱西努力不要「黏人」，她受不了自己需要別人，反過來認為是男友無法獨立。凱西由於無法親近伴侶，工作成為替代品，職場讓她有機會認識人，建立表面上的親密關係。工作環境的架構讓凱西不會孤單一人，而只要人們不要求和凱西親近，她可以忍受那樣的關係。我們的診療時間揭曉的事，讓凱西明白她對男友有著不公平的指控，她是在投射。凱西因此開始流露出多一些的脆弱，在辦公室也減少對員工抱持不切實際的期待。

凱西無意間落入常見的陷阱，我稱之為**「無用的解決辦法」**（failed solution），意思是某種辦法明顯無法解決問題，實際上只讓事情每況愈下，但你依舊大力執行下去。凱西偏好以過度工作來化解焦慮，但只讓自己變得更加焦慮。然而，她依舊沒有停下來好好思考，想一想別的辦法，而是變本加厲——更努力工作。她行為背後的因子被進一步強化，最終工作狂本身也成為問題。簡而言之，試圖用來解決問題的辦法，也變成問題。凱西究竟該如何打破這個循環？

後文會再回到凱西的故事，不過我想先在這裡，討論冒牌者症候群背後另一個常見的動機：對成功懷有罪惡感，認為自己不該成功。我們在本章的開頭聽過威廉難過地回想職場生活，他就是這樣的一個例子。身材高大的威廉是性格溫和的巨人，年約四十五，已婚，有三個孩子，因為害怕能力不足，中斷了自己的工程師職涯。威廉無法相信同事的讚美，認為自己的成就不值得一提，極度感到自己是不夠格的工程師，唯一能抗衡這種感覺的事，只有財務上的成功。

「錢對我來講很重要。」威廉指出：「你無法反駁，十萬英鎊比五萬英鎊多。我靠錢來證明我成功了。」

然而，威廉開始出現罪惡感，最後連錢也幫不上忙。「我感到自己領太多薪水，我根本沒那個價值。憑什麼我賺的錢比教師多？」

威廉的父親是工作狂，為了事業犧牲了當個好爸爸的機會，威廉因此不曾從父親身上獲得他渴望的認可。他嘗試獲得父親的關注，但大多時候是白費力氣。

「現在回想起來，我的父母不曾提供教育上的助力。」威廉回想：「他們不曾支持我、鼓勵我，更別說是讚美了。我父親人在心不在，不會與我們互動。不只是那樣而已——我是體育健將，學業成績也非常優秀，但得不到認可。父親以非常高的標準要求自己，也要求我，但不提供支持。我成功做到時，也沒人會為我歡呼——我進入職場時，這點對我來講有很深的影響。」

威廉因此推開父母。「我希望爸媽會因為我有成就而認可我。我得不到認可時，號稱自己不需要。父親說公司要開會，無法參加我的畢業典禮，所以母親說她可以來的時候，我告訴她：『不用麻煩了。』但實際上我氣壞了。」

然而，威廉依舊渴望親近父親，最終跟隨父親的腳步成為工程師。威廉從小發現討論技術性的事務時，父親會感興趣。然而，由於他的雙親都非常優秀，威廉自認永遠達不到他們的標準。威廉看見自己的父母為了在學術與工作上出類拔萃，犧牲社交與家庭生活，因此深信成功必然要付出代價。

「我看見成功的負面影響：**父親**沒時間陪家人，而我感到受傷。」

威廉因此下定決心要發揮創意天賦，專注於個人關係，大學時代把精力放在玩樂團，而不是拿學位。他很想獲得父親的關注，但把那樣的念頭拋到腦後，深深埋進潛意識。

「你極度渴望獲得父親的認可，但得不到——所以你想到此為止。」威廉咬牙切齒地解釋：「我還是要拿到學位，但不再努力爭取一級榮譽學位。我感到自己絕對只會是二級，而這種感受波及其他學生，我感到他們都比我好。」

威廉的例子很諷刺：**你最終成為你抗拒的事**。威廉刻意不再對父親抱持希望，但他內化了這個對他不假辭色的人，最終也對自己很苛刻。我們人在家庭中初次體驗到這個世界。我們想像別人會如何回應我們的時候，家提供了範本。以威廉來講，他預期職業生活不會認可他、支持他，因為他的父母不曾這麼做過。威廉無視於旁人讚美的聲音，只聽得見自己腦中的聲音。那個聲音重複強調他不夠好，不屬於這裡，別人終會發現他是冒牌貨。

「你沒做對的時候，你通常會嚴厲地罵自己。就算做對了，你依舊會責怪自己只不過是小小走運，應該要做得更好才對。我會拿自己和同儕團體中最強的人比，心想：

『我做得沒那個人好。』我也會挑出同事最好的特質，然後說：『這方面我不如他們那麼好。』」

或許要是父親曾經隨口給過威廉任何一句讚美，威廉就會更努力，在心中播下種子，感到只要夠努力，最終就會得到自己很渴望的認可。不過，從來就沒有那樣的一句讚美，造成的代價非常高，威廉的職涯發展因此受限；他無法從工作中獲得滿足感，而且他的恐懼，讓他在多數的工作時間都感到極不舒服，甚至把老闆的讚美當成批評——「老闆會那樣講，只不過是要我繼續賣命，但到了某個時間點，他就會把我丟到一旁。」威廉誤把老闆當成自己的父親，拼了命要獲得認可，但要不就是得不到，或即便得到，他也感受不到，陷入小時候的感受。本章開頭引用的憂傷感想，說話的人是今日的威廉，也是他心中的孩子在講話：「我感到有人會說：『你在這裡幹什麼？』然後我會回答：『我只是努力要完成這件事。我還沒能完全掌控每件事，可我正在盡我一切的所能。』我感到他（這裡的「他」是指老闆，也或許是威廉的父親）會說：『拜託喔，威廉，這你根本不會，去去去，去做別的事。』」

威廉掩飾得很好。他在離開工程這一行的時候，前同事告訴他：「你永遠看起來百分之百掌握著一切。」大家都這麼說，但私底下「龐大的壓力壓在我的胸口」，工作「很混亂，而混亂很累人。」

雖然威廉也知道，他具備人際關係方面的天賦，他一直沒轉換到會更有成就感的跑道。此外，他無法開口求助，而這也造成他更難改變。如同威廉的家沒能提供鼓勵與支持，同事和管理者亦然。就算提供了，威廉也不信。

威廉與其他許多人士還為了另一個原因，擺脫不了冒牌者症候群。心理分析師與作家麥克．貝德（Michael Bader）認為，問題的核心其實是某種罪惡感。雖然冒牌者症候群感覺上像是害怕失敗或丟臉，但其實是潛意識害怕成功。

貝德博士認為，雖然冒牌者能意識到羞恥或丟臉的感受，但較少人意識到自己對成功的恐懼，以及內心更為深層的罪惡感。愈成功，就愈常出現在眾人面前，接著就更焦慮。失敗則提供了某種**「退出條款」**，帶來緩解這種情緒的希望，逃離令人感到安心。舉例來說，有的人藉著無法充分授權下屬而妨礙了自己的職涯發展，而這帶來他們潛意識為了逃走而想要的失敗。貝德博士進一步主張，許多人潛意識相信自己在人生中，不該擁有勝過父母（或我們的照顧者）的美好事物，例如：權力、威信與專業知識等等。貝德表示，這因此造成了衝突，因為在此同時，我們也懷有遠大的目標，努力讓自己成長，發揮所能，朝成功邁進。

「我們努力這麼做，但接著付出感到是冒牌者的代價。或是我們真的有了很好的成就，但感到自己沒資格快樂，不該感到自豪。有的人因此在獲得權力時自毀，幾乎有如在懲罰自己，以減少個人目標與罪惡感之間的衝突。」

這其實是一種**「倖存者的罪惡感」**（survivor guilt），原先的概念是逃過某種劫難的人，經常餘生都讓自己與他人過得很痛苦，懲罰自己活下來、別人卻死了。不過，倖存者的罪惡感是一種範圍很廣的現象，可以套用在另一種不理性的想法上：你要是永遠擁有人生中的任何好東西（包括成功），其他人就會受傷或被剝奪。有這種心理困擾的人，甚至擔心被嫉妒的人報復。別人會不會討厭他們成功？他們會不會因此被排擠？

許多像威廉這樣男性，把自己的冒牌者感受，歸給他們與父親的關係。他們的父親要求很高、待人嚴厲、批評孩子，或是不管孩子。有的人試圖靠成功獲得父親的認可，但又無法接受自己的成就，因為成就提供的認可，不是父親給的。另一種可能則是他們因為勝過父親冒出罪惡感。

貝德博士告訴我：「這是一種自我懲罰的想像。他們犯的『罪』，是比父親成功，或是和父親不同、工作沒有父親辛苦、比家中所有人都還要享受工作。不論是有自信，或是大方接受自己有能力，感到的確做得好，有權獲得讚美，全都象徵著自己勝過或脫離父親。」

另一個例子是四十六歲的泰德（Ted），很明顯的一點是他在父親過世僅三個月後，便開創自己的事業。泰德花了好多年才明白，他下意識對超越父親的生活品質有罪惡感。泰德的父親一出生就被母親遺棄，一輩子從事體力活。

泰德表示：「遠離父親令我感到難過，我覺得自己該為他是棄嬰的悲情經歷負責。不知怎地，這個在人生第一道關卡就被遺棄的嬰兒，跑到了我懷裡，我在心中決定不能拋下這個孩子。」

英國劇作家與導演派翠克．馬伯(Patrick Marbe)，在二〇二〇年的《觀察家報》(*The Observer*）採訪中，被問到父親的職業：

父親想做我做的事——他想當導演、作家，當個喜劇人。他原本是BBC輕娛樂節目的導演，但最後到倫敦商業區工作。父親羨慕我的職涯。我做了他不能做的事，這總令我感到內疚。這件事很複雜。我現在能說出來，是因為我父親已經過世了……有點像是佛洛伊德的惡夢。

貝德博士表示，女性的重大倖存者罪惡感，則比較常來自母女關係，反映出當事人無意間禁止自己比母親快樂、性感，以及擁有成功的兩性關係與職涯。如果母親當年為了帶孩子，犧牲自己的事業，女兒會因為擁有更豐富的人生，產生罪惡感。

我和珍妮（Jenny）談過。即便待在家帶小孩讓她極度不快樂，珍妮產後沒有重返職場，因為她失去信心。此外，罪惡感也束縛著她，她不敢回去工作，認為這樣是對家庭不負責任。珍妮的父母都是工人階級，沒機會念大學。珍妮的母親痛恨在家照顧小孩，而且毫不掩飾地表現出來。珍妮是家中第一個念大學的人，日後搬到倫敦，找到能實現自我的公關工作。然而，珍妮認為自己獲得的是母親失去的東西。珍妮多采多姿的生活方式、她的談吐，甚至是她的口音，全都與父母漸行漸遠。珍妮的母親受不了這樣的差距，對女兒獲得的事業感到受傷與憎恨。

「我總是從母親的身上，感受到自豪與恨意兩種拉扯的情緒。」珍妮表示：「從母親如何談到我的工作就聽得出來。她會說：『珍妮幫自己找到一份工作，人家還帶她去吃午餐，用禮車去接她。』母親把一切說得很簡單，就好像我是不勞而獲一樣。母親會用嘲諷的語氣說：『有錢人可真會享受。』」

珍妮依舊無法掙脫罪惡感。「在我內心深處，母親永遠被困在家裡，而我卻得到我想要的。我從來沒告訴他們我薪水多少。我會把事情講成一文不值，好讓他們開心。」

女性還會碰上另一個專屬議題。許多組織由男性掌權，而許多男性又不約而同地認為女性能力較差。當她們升到高階職位後，發現自己不受歡迎，就進一步加深了不安感受。男性與由男性主導的企業，有可能認為成功的女性，是靠種族或性別帶來的特殊待遇往上爬。這種事經常發生在非白人女性的身上，即便事實上她們展現的力量與決心，遠勝過其他人。她們比別人克服了更多的障礙，才有今日的成就。

男性的不安全感通常出現在辦公室，女性則除了工作，還有額外的壓力。她們必須當好母親、好太太，負責舉辦社交活動。當家中與職場對女性的期待增加，此時女性必須展現自己的時刻也變多，更容易同時在公私生活中，感到自己是冒牌貨。男性很少被評斷是否做到工作與家庭兼顧，可這卻持續是女性肩上額外的負擔。

凱西後來和男友結婚。雖然親密關係依舊令她感到棘手，她下定決心要讓這段關係成功。凱西除了持續減少待在辦公室的時數，也對自己和員工抱持更合理的期待。珍妮則考慮回去工作，或是念碩士進修，下定決心要找到自己熱愛的行業。威廉深入了解自己後，開始認可自己的成就，享受他的決定帶來的成果。他挪出更多時間陪家人。玩樂團與在好友面前表演，也帶給他很大的樂趣。更關鍵的是，威廉原本在工作上無情地鞭策自己，如今他懂得給自己一點溫情。

以下幾點可以協助各位克服冒牌者症候群。請依據本章的描述，試著找出你的自我懷疑是否是正常現象，也或者你需要多加留意這方面的問題。如果你的冒牌者症候群，還在能忍受的程度，那就試著把那些焦慮的念頭化為優勢。有幾分自我懷疑不僅正常，還能刺激你做得更好。記得找出哪些是你需要改善的領域。或許幫自己找導師也會有幫助，協助你從不同的角度看事情。

萬一你已經在職位上累積了經驗，但痛苦的強烈情緒依舊沒消失，那麼你需要檢視自己，嘗試以下幾種作法：

永遠抱持好奇心：人被恐懼與不安感控制住的時候，自然會躲起來，活在自己的世界裡。改把注意力放在別人身上，不僅可以讓你不再困在自己的腦中，也能降低焦慮感，順帶培養人際關係技能。你大概會發現，其實別人也同樣不安，害怕被拆穿是冒牌貨。一旦你知道如何解讀冒牌者症候群，有辦法辨識同事的防衛反應，你將更能找出他們的地雷。下一次你看到辦公室裡的人不肯接下新工作、工作過頭，或是嚴厲看待員工的表現，你就知道冒牌者症候群可能正困擾他們。

某位年輕主管告訴我，有一位客戶很難搞，什麼事都不肯透露，怎麼樣都無法明白，他是在試著幫他。進一步討論後，我們發現問題顯然出在這位客戶是最近才升官，而且傾向於仰賴自己擅長的事，迴避討論超出知識範圍的事。我建議建立這位客戶的信任感，方法是提供大量的保證，避免討論超出他的舒適區的領域。有的事可以等建立互信的關係後再說。

區分理性與不理性的念頭是關鍵：我們的確會有需要學習的地方，有必要承認與處理自己的弱點與缺陷。不過，我們需要去了解不理性的念頭。找出它們的源頭，和別人聊一聊，分享經驗，將能減輕焦慮的感受，讓恐慌降級成合理的自我懷疑。

接受工作生涯原本就充滿著不確定性：接受我們永遠可能做出糟糕的決定與失敗。你是否抱持實際的期待，還是說你對自己太嚴苛了？對自己寬容一點，重新評估你的期待。

3 害怕被拒絕讓你畏首畏尾？

——忍不住要討好別人

我展開心理治療的職涯前，嘗試過各行各業，其中最令人興奮的是我在一九九〇年代初，在倫敦的喜劇巡演中表演脫口秀。然而，雖然我努力博得滿堂彩，我的喜劇事業一直沒成功到足以辭掉白天的工作。不過，當喜劇演員教會我一個很關鍵的人生課題。話要從某場特別慘的表演之夜說起，地點是倫敦數一數二的喜劇表演場地……

香蕉喜劇夜總會（Banana Cabaret）是倫敦巴勒姆區（Balham）一個氣氛友好、廣受歡迎的表演地點。節目單上介紹我叫娜歐蜜・羅斯（Naomi Rose），因為我的本名夏拉蓋（Shragai）實在有點難唸，我決定還是從簡比較好，以羅斯這個藝名登場。我身高才一五七，感覺羅斯這個姓氏會讓我顯「高上大」一點。我近期成功的演出，已經多到可以忽略掉失敗的時刻，所以我信心滿滿，甚至邀請幾位好朋友到現場看秀，其中一位甚至連媽媽都帶來。

我抵達夜總會後，迅速和好友與喜劇社的負責人打聲招呼，走進廁所。我凝視著廁所的鏡子，練習台詞，打起精神，臉上擠出笑容，拋出第一個笑話：「嗨，我是娜歐蜜，來自洛杉磯，簡稱LA，但我現在住在倫敦，簡稱L。」

我突然被打斷，有人進來用廁所。我假裝在塗口紅，以免看起來像是在自言自語的怪女人。我等著那個人用完馬桶，出來洗手，離開廁所，接著繼續練習。「我從洛杉磯搬到倫敦時，最困難的就是改變駕駛習慣。我第一次在倫敦開車時，注意力一直放在左邊，直到行人試著穿越我右邊的道路。我糊塗了，不知道要看哪一邊才對——我的美式老毛病開始發作，你知道的；我對著那個人開槍。」

我回到化妝室，偷瞄已經開始表演的舞台。主持人使出渾身解數，笑話一個接著一個，有的觀眾站著，有的坐在桌旁，反應一如預期的好，笑點出現時，爆笑聲不斷，氣氛很HIGH，我感到心中有快樂的火花，肚子裡滿懷興奮感。下一位表演者是威爾斯人諾爾・詹姆斯（Noel James），我愛死他超現實的幽默感，他的每一件事都讓我捧腹大笑。

「我叫諾爾．詹姆斯，對，我是復活節生的。（Noel 有聖誕節的意思）」詹姆斯用著輕快的威爾斯口音拋哏。

「幾天前，我正在等待果陀。你們知道的，三個人一起來。」

諾爾輕鬆完成表演，觀眾愛他，掌聲如雷，中場休息後就換我了。突然間，我開始恐慌。自信消失，雙腳發麻，口乾舌燥。心跳加速，怦怦作響，感覺心臟快要從我的胸口跳出來了。

燈光暗下，主持人提醒觀眾回來看表演。他的暖場非常成功，大家再度哄堂大笑，然而我突如其來的心悸沒有停下。

「現在讓我們歡迎一位十分風趣的女士。你可能以前見過她，她已經在我們這裡表演好一陣子，永遠讓我笑個不停。請大家以熱烈的掌聲，歡迎娜歐蜜．羅斯！」

我上台走到麥克風前，立刻感受到觀眾的敵意。我預期大家會大聲鼓掌歡迎我，但掌聲稀稀落落，只禮貌性隨便拍了幾聲。我感到聚光燈打在身上，我從架上抽出麥克風，動作帥氣，代表我要火力全開了。然而，我還沒開口，就發現群眾的注意力不在我身上，我很快就決定要拿出殺手鐧。

「我和最好的朋友凱倫一起住。每天晚上，當我出門在外拼命地想要找個男人，她都待在家織毛衣。至少到了年末，凱倫有一件該死的毛衣，證明自己做過什麼。」

我很愛這個笑話，因為這是真人真事，而且效果永遠很好，但這次不行，現場鴉雀無聲……**我告訴自己：「繼續講，還有機會扳回一城，拿出你最好的笑話。」**

「我試過各式各樣的治療，順勢療法、整骨、甚至連自然療法都試過了，似乎沒有一樣管用。最後我和一個神經病約會。你們可能會認為我瘋了，但他解決了我所有的問題——因為他開槍殺了我全家。」

全場一片靜默。事情已成定局，我「舞台死亡」了。觀眾從安靜無聲，冷眼對待我的表演，變成呵欠連連，接著就各自私下聊天，無人理會我在台上說什麼。我遭受沉重的打擊，被群眾排擠。既然已被完全無視，我決定不再折磨任何人，包括我自己，匆匆下台。更丟臉的是，下一位上台的喜劇人迪倫・莫蘭（Dylan Moran），獲得大量的掌聲。

喜劇是高風險事業。喜劇演員把無法讓觀眾笑稱為「舞台死亡」是有原因的。其他類型的表演者則只會說「度過了一個糟糕的夜晚」。一片靜悄悄讓人很難受，而且只有你必須承受一切。這是你一個人的問題，丟臉的人只有你，隨之而來的羞愧也只有你一個人吞。我講的笑話大受歡迎時，那種極度的興奮感很難消退，幾乎就跟要從爛笑話的谷底爬上來一樣難。當全場的人都認為你很爛，你很難不跟著也這樣認為。我花了好幾天，才終於走出那個難忘的一晚，不過我從那次的經歷中重新站起來，接著又多表演了幾年。

那天晚上我學到什麼？對我接下來的職涯有什麼啟示？答案是如果想要當個成功的站立喜劇演員，最必要的一項技能，就是你要有辦法在不受歡迎中活下去，這甚至比表演天賦還重要。如果你在某次的「舞台死亡」過後（每個人都會碰上這樣的時刻），還能回去表演，代表你有機會成功。喜劇教會我，被人們排斥的感覺很糟，但你不會真的死掉。更廣泛來說，克服拒絕是在任何領域取得成功的關鍵。

我從小就有豐富的被拒於門外的經驗，替我的喜劇巡演事業打好基礎。我是個加州孩子，並不特別擅長什麼。高中時決定選民俗舞蹈課，以避免「體育課組隊總是最後被挑」症候群。我和擅長數學、語言或音樂的同儕不同，缺乏那些方面的天賦。儘管 I Q

測驗顯示我天資聰穎，但我從小在班上墊底，成績差到無法申請任何大學入學考試，最後是加州的社區大學體系救了我。我很幸運，這個體系只有最低要求——只要你年滿十八歲，還在呼吸，就可以申請。我終於有符合條件的學校可念，日後和朋友開玩笑，即便你沒呼吸了，他們也會想辦法把你扶起來。

我後來一雪前恥，取得南加州大學（University of Southern California）的學位，準備好展翅高飛。然而，早期吃閉門羹的經驗，經常縈繞我的心頭。我預期會被拒絕，把期待放得很低。不過，我學會重新站起來，繼續努力，只要有任何成就，都是多賺的。

許多人勇氣十足，不只經得起被拒絕，還從中成長，例如：創意人士的思考必須超越熟悉與安全的事物，尋找創新的解決方案，不過他們的點子往往一開始就被打回票。最成功的創意思考者讓自己經得起失望，而這正是他們與眾不同的地方。他們知道自己大部分的點子，會被棄如敝屣，永無天日，但依舊能堅持下去。大部分的人則不敢冒險，害怕被別人認為錯了、愚蠢或無能，影響自己的名聲。

我們可能深信別人一定會嚴厲地批判我們，因此把好點子藏在心裡。回想一下，上次你有一個想法、一個問題，或一個點子，你在腦中演練了一下，但還沒說出來就覺得算了。你是否已經斷定會被嘲笑、拒絕或無視？你是否害怕被討厭、羞辱或單純弄錯？

想一想你曾經因為吞下想說的話而錯失的良機，開始累積各種證據，證明你曾經因為害怕被拒絕，傷害到自己的職場表現。先從鐵證如山的事實開始，就會有動力檢視你的恐懼背後是什麼。

主要來講，嚴格批評我們的人，其實不是外人，而是我們自己。我們一直想著自己的點子「錯了」或「不夠好」，認為別人也這樣想。我們把自己的負面想法，投射在他人身上，就好像別人不會有自己的想法一樣。我們不讓自己的點子見到天日，有機會被探索與討論，因此錯過機會，無法看見自己帶來的價值，聽不到別人真正的想法，此外，放棄自己的想法、抱負與方向，也會不利於我們的職涯。

在這方面，社群媒體難辭其咎。我們著魔似地要獲得「讚」，靠有人按讚來獲得自信。按讚數過度影響著我們，我們失去了內在的衡量標準。不知怎麼的，發展職涯、學習新技能與達成抱負的重要性，還低於累積按讚數，就好像如果不在社群媒體上分享與獲得掌聲，你的經歷就不是真的。被按讚成為至高無上的目標，取代了職業成就或個人成就。

當然，由於被拒絕很痛苦，你自然會認為，所有避免被拒絕的努力都是合理的。畢竟我們是群居的動物，我們渴望連結。有可能被排除在外讓我們恐慌。我們本能地想要違反我們最合理的直覺，改成聽從別人的意見，甚至為了融入與歸屬感，放棄自己的抱負。我們仰賴家人、朋友、職場與其他組織（足球俱樂部、宗教或其他社會團體）帶來身分認同、歸屬感與安全感。在人生的困頓時刻，這樣的社會制度能提供安慰、陪伴與希望，在你悲傷時提供支持，抵抗絕望感，而我們回報以忠誠。我們的依賴讓我們不願提出異議，不敢違反主流，點出錯誤的地方。當我們有可能被逐出團體，我們恐懼會失去身分認同與幸福，直覺想採取極端的措施，好讓自己被重新接納。

也因此雖然逃避被拒絕很合理，當你有極端的衝動，想要讓別人心情好轉，甚至不惜傷害自己，這種時候就要小心了。衝動型的「討好者」是好例子——這樣的人會為了博得別人的歡心，不惜一切。他們的依賴人格意味著他們對安全感的需求，勝過他們抱負與衝勁。他們展現的形象，反映出他們想像怎麼樣能讓別人喜歡他們，而不是他們真實的面貌。在工作上，這樣的人通常是在公司待了很久的能幹員工，具備團隊精神，體貼別人的需求。他們是領袖的追隨者、創意人士的聽眾，也會聆聽同事訴苦。他們很少會和同事爭論，在很多層面是組織不可或缺的中堅。然而，他們的情緒天線通常接收到的是外界的訊息，而不是內心的聲音。他們聽別人說話，比較少意識到自己的內心世界，壓抑自己的情緒與意見，失去自己的方向。最令人擔憂的是他們會失去自我。同事會受益於他們的慷慨大方，他們自己卻是最大的輸家，未能實現自己的潛能，也沒能在職涯中獲得滿足感。他們忽視自己的想法、意見與點子，依賴老闆與同事替他們做決定，甚至是替他們思考。雖然公司會因為他們堅定不移的付出與樂於合作受惠，卻埋沒了他們的獨特天賦。討好與依賴的循環就是這樣往復運轉。想法沒被說出來，就不會獲得鼓勵與改變，發展因而停滯。

動力是逃離這種循環的關鍵。當討好的衝動與個人抱負起衝突，內在將產生拉扯。雖然帶來不舒服，卻有可能帶來足夠的改變動力。如果願意面對與處理這樣的衝突與混亂，就有可能在個人與職業上有所成長。

大衛（David）是這方面的例子。三十九歲的他單身，在出版業工作。他幽默風趣的魅力提供了完美的面具，掩蓋住內心最深處的不安感，但隨時會爆發。

大衛升職後，被迫面對想討好他人、也想成功的內心衝突。他這輩子都是靠討人喜歡，躲開被排擠的威脅。這種策略有助於他早期擔任的職位，但他升上管理職後，他害怕被人討厭的心理，影響了他做出困難決定的能力，不敢碰觸可能引發衝突的對話。

我想多了解大衛這方面的問題：「你能否解釋，你的恐懼是如何影響你在工作上的表現？」

「恐懼讓我動彈不得，因為你所做的決定，很多時候必須考量其他人會有什麼感覺、他們將如何回應。他們有可能因此講你的壞話，還可能聯合別人一起對付你。」大衛表示：「你於是隱滿自己的意圖，不想冒犯別人，或是輕描淡寫，不會直接講出想講的話。換句話說，你會比較沒效率，缺乏生產力。」

「只要有一絲人們會不高興的可能性，我就會退縮。你不想要冒險讓別人不高興，他們可能會走開，把別人也一起拉走。如果你滿腦子想著，一定不能讓這個人不喜歡你，那麼你不會誠實。你感到挫敗，對方也會認為你拐彎抹角。」

我關切大衛過度警戒的心態，造成他隨時預期會出現新威脅。我告訴他：「處於高度警戒的狀態，經常使你處於焦慮發作的邊緣。你對於他人不理性的擔憂，也意味著你背叛自己。」

「如果你和別人較勁，你是在樹立敵人。」大衛回答。「你想辦法避免這件事，嘗試取悅別人。在此同時，你壓抑自己的性格。每件事都經過計算——這是在表演。累人的地方就在這，因為你經營的形象，為的是確保你不會被拒絕討厭。」

我向大衛解釋，他新升上去的高階職位沒幫到他，因為他依舊相信不論是下屬、同事或客戶，權力在他們手上，他們有權拒絕他。大衛因此失去自信，逼自己更努力工作，以證明自己的價值，但冗長的工時造成倦怠。大衛很有可能誤判情勢，看見不存在的威脅，或是太先入為主，沒看見真正的威脅。

「我的確沒認真看待某件事，應該要認真看待才對。」大衛坦承。「或是我準備好要戰鬥了，結果只是我誤判跡象。」

大衛對別人的關懷，其實是一種策略，讓自己不必去想內心深處人生早期的情緒創傷。許多人誤以為，創傷只限於極端的經歷，例如：性虐待、恐怖主義或戰爭，但實際上創傷是指對任何無法忍受的事件的身心反應。大腦急著要保護我們，不讓我們被排山倒海的情緒淹沒，麻痹悲傷、快樂或憤怒等情緒。然而，這樣的經歷會留存在記憶、情緒與潛意識裡，甚至留在我們的身體裡，持續影響著我們如何思考、我們如何看待他人、我們如何調節情緒與處理自己的經歷，包括職場上如何詮釋事件與我們的反應。

就連普通的工作挫折，也經常會讓早期的創傷經歷浮現，大衛就是這樣。大衛出生前，他的母親接連失去兩個孩子，一個流產，一個死產。順利出生的大衛，情有可原地成為母親世界的中心。在我們還小、必須依賴他人的時候，我們全都需要相信，自己在母親的心中有地位，但我們會逐漸了解殘酷的事實：外面的世界，不會所有人都把我們當成寶貝。

以大衛來講，他是在十一歲進入中學時大受打擊。他發現別人不會和母親一樣，把他當成寶，自己並不特殊，只是個普通的孩子。這個打擊讓大衛縮起來，別的孩子因此欺負他。大衛暗自祈禱母親會發現他的異樣，他在請求她協助，但母親把大衛的鬧脾氣，當成是在責備她這個媽當得不好。

「我躲進自己的世界，母親不知所措。我不再活潑，失去所有母親喜歡我的地方，包括聰明和幽默——那些特質消失了，取而代之的是『我不知道該如何是好。』」

大衛在十七、八歲時發現，只要討好別人，就不會被孤立與拒絕。他把這樣的策略帶進職業生活，保護自己。在他的想像裡，人們隨時會拒絕他。也因此討好他人雖然讓大衛在工作上有所進展，這其實是在下意識避開早期的創傷感受。然而，升職讓大衛的內心衝突增加。我向他指出，雖然一部分的他，意識到這樣對他的領導能力不利，另一部分的他則害怕放棄這樣的策略。這種策略先前幫助他成功，還保護了他，他不必再經歷童年令他不知所措的情緒。

大衛在明白這些事之後，有辦法區分過去與現在，做出微小但重要的改變。首先，大衛意識到許多他視為威脅的情境，其實存在於他的內心世界與早期的人生，而不是職場。大衛如今會挑戰自己的想法，而不是依據這些念頭做事。他會問自己，某個情形是否是真實的威脅，還是他自己以為的。大衛如今更願意冒險在客戶與員工面前，說出自己的看法，即便他依舊小心翼翼，不敢講他認為風險太高的事。大衛逐漸培養出必要的情緒肌肉，有辦法忍受不舒服的情境。

質疑與反省自己的想法與觀點是關鍵的第一步。不過，當偏執的念頭占據大腦，不太容易培養新的心態。此時和某個人聊一聊會有幫助，看是找好友或專業人士，把打擊自己的獨白，轉換成激發想像力的對話。這樣的對話會在心中種下新鮮的理解與觀點，與先前的經驗整合起來，達到更為正面的心態。

大衛恐懼被排斥的源頭是在中學，不過其他人通常發生在人生的頭幾個月或頭幾年，也就是完全得仰賴照顧者的時期。我們與母親或其他照顧者的**「依附」**關係（attachment relationship），帶來了我們一生如何與他人互動的範本，包括親密關係令你感到安心或受到威脅，以及我們有多願意信任、合作與拿出同理心。

想一想你的工作舒適圈。你是否經常把其實並不危險的情境，看成有危險？你是否傾向於和同事保持距離，也或者你偏好和其他人密切合作？你是否渴望獲得認可？你有多容易信任別人？

最理想的起點是意識到你的依附關係。英國的心理分析師約翰·鮑比（John Bowlby）在一九五〇年代，提出跨時代的依附理論，指出嬰兒的動機既來自吃喝拉撒睡等生理需求，也來自對安撫與安全感的需要。嬰兒的依附對象通常是母親，母親是嬰兒探索世界的安全基地。我們對安撫與安全感的需要永不止息，但人生的早期如果有過安全的基地，就更可能有信心別人也會以同樣的關懷來回應我們。我們更可能感到自己有能力、有價值、受人喜愛。

彼得・馮納吉（Peter Fonagy）向我解釋：「依附需要的東西，遠遠不是身體照顧與保護那麼簡單。」馮納吉是頂尖的兒童心理分析師，以及世界知名的依附障礙（attachment disorder）專家。「依附支持著人類發展，也就是有辦法描述自己內心的體驗；也有能力預期他人的感受與想法，達成社會協作，而這些事得仰賴依附關係。」

「孩子感到安全時，這句話真正的意思是孩子有能力調節自身的情緒，與同儕良好互動，有辦法正確理解他人，為他人著想，拿出同理心，體貼身邊的人。在此同時，他們又對內在體驗足夠有信心，知道自己是怎麼一回事。那就是安全的依附。」

然而，當父母或照顧者極度失職、混亂或焦慮，尤其是在人生頭兩年，將留下心理傷痕，並在大腦與神經系統留下持久的銘印，影響負責衝動控制、情緒調節，以及與他人連結的機制。

不安的依附讓人更可能焦慮被拒絕、批評，或是誇大被遺忘或不被認可的憂慮。在工作場域，這些失能型的依附模式會以幾種方式顯現：一種極端是不斷向他人尋求認可、變得太黏人或纏著別人，或是過度付出，想讓別人少不了他們；另一種極端則是變得過度疏離、自立自強，孤立自己，因為親近使他們難以忍受。他們認為別人會傷害他們，很難與人合作。即便渴望與人連結，卻從不信任自己建立的關係。如同接下來的例子，當早期的依附障礙，以及被遺棄與拒絕的感受被重新挑起，碰上被忽視或升遷被跳過等普通的工作挫折，有時感覺會嚴重到像是性命受到威脅一般。

麥克斯（Max）三十多歲，身材高大，彬彬有禮，講話溫柔，有自己的行銷顧問公司。麥克斯接受治療不久後，透露自己因為太渴望獲得顧客的喜愛，讓自己的事業陷入危機，交易互動讓他感到太私人。麥克斯害怕被拒絕的恐懼，源自他與母親之間失能型的依附關係。麥克斯感到自己不值得被愛，沒有價值。他的母親是學者，努力衝刺事業，但天性冷漠。雖然父母提供麥克斯衣食無缺的生長環境，智力獲得發展，但無法回應他需要安慰的情感需求。

麥克斯為了獲得母親的關注，他成為負責調解家人的和事佬，和睦乖巧到了不合理的程度。麥克斯從小就知道，要讓母親回應他的話，最好的辦法就是承包家事、不惹麻煩。由於母親無力了解麥克斯的需求，麥克斯把注意力放在母親身上，就此學到照顧別人可以建立連結。

在事業上，麥克斯照顧他仰賴的人，也就是客戶與同仁。麥克斯因為太害怕被拒絕，很難接觸潛在的客戶。他描述自己是如何因為太黏人，無法提供良好的專業服務：「我擁有人們想購買的專業能力，但我也有能力在客戶面前搬石頭砸自己的腳。我因為渴望獲得客戶的認可，很容易抓著他們問這樣好不好、那樣好不好。」

「我一般而言擅長判斷與解讀氣氛，我懂人們需要什麼，但我很常因為擔心別人會不會喜歡我而弄巧成拙。本質上屬於交易性質的關係（有人付錢買我的專業知識），變得模糊不清。我因為太需要獲得喜愛，影響到自己提供理想判斷、建議與策略角度的能力。而這正是客戶掏錢的目的。」

「這其實是在問：『我值得愛嗎？』如果不值得愛，『我會不會拒絕？如果被拒絕，接下來會發生什麼可怕的事？』最糟的情況是客戶可能不再續約。雖然天不會因此真的塌下來，但我的確感到是世界末日。」

「我發現我會以幼稚的方式感到四肢僵硬，動彈不得。在那一刻，我會往糟糕的地方想：『我會不會被拒絕？』那樣的焦慮，擔心會被拒絕，完全與提供顧客專業的服務不相容。」

「你提到的『客戶的認可』，」我告訴麥克斯，「是在代替你渴望從母親那得到的情緒撫慰。」從麥克斯的表情來看，我說對了。

麥克斯接著提到：「我從小到大唸書的時候，擅長不在爸媽面前顯露任何負面的情緒，以免傷害到他們。我不曾分享生活中遭遇過的最重大的打擊。我不會敞開心扉，而且我會往壞處想。在某種層面上，我感到被愛。爸媽讓我有東西吃，也給我很好的智力挑戰，他們確實愛我。然而，他們給的愛不足以填補我的需求，而這種需求在我的事業情境中跑出來。」

不論有多不理性，為了獲得解決，心靈會重訪過去未解決的事件。

我告訴麥克斯：「我認為你試圖在工作上，獲得小時候沒得到的情緒撫慰。」麥克斯渴望獲得**「認可」**，但預期隨時都會被拒絕，他因此陷入需要認可的循環，但就是得不到他渴望的安全感。

為了解決這些議題，麥克斯首先必須面對一個殘忍的事實：在工作的交易性質關係中，尋求情緒的撫慰，很有可能失敗。下一步則是把他過去的內在需求，和他渴望事業成功的需求分開。工作講求人脈、推銷自己、獲得成效與賺到錢。個人關係則涉及情感連結、安全感，以及感到你對另一個人來講很重要、你不會被遺忘。我們全都有這樣的深層人類需求。當我們試圖在工作場合滿足這樣的需求，將帶來困擾。此外，麥克斯必須專注於自己「健康」、成熟的一面，也就是目標遠大、頭腦聰明、經驗豐富、創意十足的他。

麥克斯在許多方面都有所進步，不再小題大作。他依舊會擔心，但那些是很實際的擔心。麥克斯不再那麼被內在動機驅使，一直想要討好別人，把更多的注意力，放在完成工作需要的事情上。此外，他不再忘記自己的成就，不再認為那沒什麼，意識到自己的成功之處，不斷累積。麥克斯不再像過去一樣，那麼仰賴別人來認可自己的價值。

從許多方面來講，改變行為是很大的挑戰。儘管人們會堅稱自己想改，但他們如果重複不理想的行為，這顯示相較於改變的慾望，他們其實太害怕或不願意改變（可能是下意識如此）。他們所恐懼的通常是害怕面對被壓抑的感受，或隨之而來的困擾。如果有可能引發衝突，或是違背主流看法令他們極度焦慮，那麼再次採取討好別人的生存策略，將使他們不再那麼不安。故態復萌成為穩住情緒的法寶，讓自己不再那麼難受。

如果你討好別人的程度，蓋過你對職業的抱負，或是不敢發言，擔心自己的點子不曉得會得到什麼樣的回應，你該好好思考你的創意潛能與職涯進展付出的代價。如果你有以下的狀況，你可能有強迫性的討好需求：

□ 你處處認同別人，失去自己的聲音。
□ 你仰賴別人做決定。
□ 你不再大力堅持自己的想法，「隨波逐流」。
□ 雖然同事和管理階層都非常喜歡你，你的職涯多年沒有進展。
□ 你懂別人的需求，勝過理解自己的需求。

接下來，找出你恐懼哪些形式的拒絕，例如你是否害怕以下幾件事：

□ 被人討厭？
□ 被排擠或遺忘？
□ 同事有可能報復？
□ 失去工作地點提供的安全感？

面對自身的恐懼是挑戰它們的第一步。那些恐懼是否是真的？也或者你的反應其實來自過往的傷害或傷口？如果你其實是在害怕過去，而不是現在，你要意識到它們其實與你的工作無關。

即便我們的確有所進步，人永遠會習慣成自然，還以為自己原本就已經一直做到這樣的程度，也因此試圖評估一個人的心理發展時，會感到怎麼好像沒進步，也因此要記得提醒自己，你原本在哪裡，現在抵達哪裡了。發展不是一條直線。你永遠不會百分之百不再恐懼，但沒必要讓恐懼控制你。雖然有時會倒退，不代表你沒有前進。

記住，不論你有多想擺脫恐懼與焦慮，它們也是你的一部分。即便你會感到懊惱，這些感受是人生歷程很重要的一部分，它們將協助你說出故事，而意識到這些感受將幫助你改變故事。

4 表現優秀有極限

——意想不到的成功代價

凱瑞・蘇克維（Kerry Sulkowicz）是我的同事與朋友，他回憶自己八歲時，爸爸告訴他：「你這輩子想做什麼都可以，只要你先念完醫學院。」從那時起，凱瑞感到這件事沒得商量。他日後成為精神科醫師、精神分析師與顧問，輔導全球頂尖的商業領袖。

凱瑞是一對猶太波蘭人夫婦的獨子。他們是納粹集中營的倖存者，其他許多親人則死了。二戰過後，夫妻二人遠走他鄉，到美國德州建立家庭。凱瑞從小就內化父母受到的心理傷害，認為父母這輩子吃了這麼多苦，不能讓他們失望。

「由於家庭背景的關係，我更是感到不能不念醫學院，我不能傷害父母，不能讓他們失望。」人在紐約住家的凱瑞告訴我。

父親認為如果凱瑞當醫生的話，就會擁有不管走到哪，都能派上用場的技能。萬一又出現猶太人必須流亡的年代，也不用怕。當過難民的人會有這樣的心態很好理解，他們有經驗：有時你唯一能帶走的東西，就只有你一身的技術。此外，倖存者的罪惡感是凱瑞念醫學院的另一動機——他感到父母這輩子沒有這麼好的機會，他理應替他們圓夢，加倍努力。

「你永遠不會完美無缺，但永遠可以努力擁有最高成就。第一名以外的成績，代表著你個人的失敗。這雖然是很瘋狂的想法，但也驅使著我。」

凱瑞成績優異，先是進了哈佛，接著又到德州大學（University of Texas）念醫學院。他決定成為精神科醫師與心理治療師後，抓住所有可以累積專業訓練的機會。

此外，凱瑞很早就對領導角色感興趣。起初是因為他擔任高中校刊的編輯與擊劍隊的隊長，出社會後又成為博斯韋爾集團（Boswell Group）的創辦人與管理者，平日輔導眾家執行長與其他資深領導者。此外，凱瑞擔任過醫師人權促進會（Physicians for Human Rights）的主席，也是美國心理醫師分析師協會（American Psychoanalytic Association）的準會長。

「我會成為領導者，有一個原因是我的父母受過太深的傷害，我必須照顧他們。我在年紀還很小的時候，就有點像是帶領著自己的家。」凱瑞解釋：「另外，在我自己清楚覺察之前，我其實主要是下意識感到，扮演領導者的角色，可以減輕自己的依賴感。我寧願給別人靠，也不要依賴別人。」

凱瑞是在醫學院畢業後，才發現自己根本不喜歡照顧病人，除了當精神科醫師，不適合當任何科別的醫師。凱瑞的父母一直沒弄懂兒子的專業，不曉得什麼是心理分析師或領袖顧問。有一次，凱瑞接受《華爾街日報》（*Wall Street Journal*）的採訪後，把報導寄給母親，還以為看見兒子的大名登上聲譽卓著的全國性報紙，母親會很興奮。然而，《華爾街日報》的文字風格是不使用「醫生」等頭銜，只簡單稱呼「先生」、「女士」，凱瑞因此在報上被稱為「蘇克維先生」。凱瑞過了一星期，都沒收到母親的回應，直接打電話過去。

凱瑞告訴母親：「我還以為你們會興奮在《華爾街日報》上看到我的名字。」母親的聲音聽起來很戒備：「凱瑞，我讀完那篇報導後非常沮喪。他們稱你為『**先生**』，意思是不是你不是醫生了？」

大部分的人都想要有所成就。這種渴望對我們自己和社會來講，都是健康且有益的。我們想拿出最好的那個，賺到很多錢，獲得同儕與家人的認可與讚美，沒什麼不對。凱瑞因為擁有相關的個人發展、訓練與經驗，他完全意識到自己擁有獲得成就的衝動。然而，如果是神經性的非凡成就者，他們因為抱持不切實際的高期待，不僅讓自己的身心健康受到威脅，還可能傷害事業。

非凡成就者的心理特質，在一九八〇年代受到重視。那個年代的特色是自由市場政策、金融鬆綁、冒險投機的創業家，以及肆無忌憚的投資銀行與金融交易員。《華爾街》（*Wall Street*）等電影呈現經典的時代精神，講出「貪婪真好」等名言。此外又如作家湯姆・沃爾夫（Tom Wolfe）的作品《走夜路的男人》（*Bonfire of the Vanities*），書中身價百萬的債券交易員是「宇宙的主人」。

高成就者無疑有能力帶來卓越的表現，也難怪眾家企業搶著用他們。有的組織甚至擺明刻意招募野心勃勃的高成就者，例如：銀行業、金融業與法界。這種作法培養出的文化，進一步利用與操縱高成就者的性格。高成就者感到替最有名氣的組織工作，代表自己是最好的，但最終他們會明白必須付出代價。

凱斯商學院（Cass Business School）的蘿拉・安普生（Laura Empson）教授，著有《頂尖職業人士》（*Leading Professionals: Power, Politics, and Prima Donnas*，中文書名暫譯）一書。她告訴我，許多不安的高成就者很快就發現，這一類的組織採取「升不上去就滾蛋」的政策，你一定得勝過他人，要不然就會被開除，不安感因此雪上加霜。安普生教授表示，這種組織文化還使用其他更巧妙的手法，例如：有的公司會提供心理健康方案，或是上班地點有健身房，製造出組織對員工很好的良心企業假象，實情卻是工作十分繁重，員工通常根本沒機會利用那些設施。然而，這下子問題出在你身上，公司盡到責任了，你自己不去用而已。

「這就好像是在說，公司明明就有心理輔導員，為什麼你還沒變快樂？如果工作讓你完全沒時間或力氣上健身房，或是感到去看心理輔導員不太好，那麼這就成了你的錯。」

高成就者深信和別人比起來，自己的表現不夠好：你看人家做到多少事、多麼的傑出。高成就者因此更努力工作，而當每個人都這麼拼，標準自然繼續提高，愈升愈高，愈升愈高。

「組織裡，只要有幾個人設下該做出多少成績的標準，其他每個人就會感到自己不夠好。」安普生教授繼續說明。

不過，過度工作有時的確會讓個人和他們賣命的公司，獲得大量的獎勵。高成就者開始離不開賺到的高薪，以及隨之而來的生活方式。沉重的房貸、奢華的假期，以及對很多人來講，美國頂尖私立學校的學費，全都象徵著你過著成功的生活，卻也帶來更多壓力。你永遠不能感到自己夠好——在高成就者心中，自滿會造成績效下滑，最終完蛋。高成就者的成功靠的是過度工作的習慣，因此不願改變，但還不只這樣——他們的習慣也與深層的心理架構有關。本章等一下會再討論這件事。

如同本書討論的許多心理特質，高成就有一個光譜，從健康、有生產力的一端，一路走向沒助益的另一端。雖然落在光譜何處，將受外在因素影響，包括從事哪一行、雇主與變遷的社會規範等等，我認為個人內在的驅力會讓人越過引爆點，跑到光譜有害的那一頭。有的人可能已經賺很多錢，或是工作不再需要那麼拼，但他們停不下來。我稱這樣的人為**神經性高成就者**（neurotic overachiever）。

雖然取得成就的衝動常見於投資銀行與其他菁英機構，但其他領域也見得到。只要你是用成就來解決心理問題，到了傷害自己、身邊的人或事業的程度，就算神經性高成就者。背後的驅力是恐懼失敗。失敗暗示著軟弱。神經性高成就者厭惡這樣的特質，不認為自己具備這種特質。此外，神經性高成就者認為，別人也會厭惡他們的弱點——誰會對失敗感興趣？還有就是他們感到任何的挫折，不只是失敗而已，還可能讓他們前功盡棄。

高成就者A告訴我，他還記得自己扔掉一塊銀牌，原因是他的中學划船隊沒奪得金牌。「我們永遠想要拿第一。不是第一，那就和最後一名沒兩樣。我們如果拿到銀牌或銅牌，就會丟掉那些獎牌——扔進水裡，因為那不是金牌。如果你沒贏得比賽，那就是輸了。為什麼要為了你沒贏的比賽，頒給你獎牌？」A講起這件事的時候宛如昨日，而不是發生在四十年前。

一開始，這種拿第一的衝動，讓A在金融界所向披靡好幾年——不過，他這種衝動的適用範圍，不只限於辦公室。數十年後，A通勤上班時，依舊搶著第一個下火車。

A的妹妹有心理健康問題，也就是說小的時候，爸媽的注意力通常放在妹妹身上。不過，A從小就學到，獲勝能獲得爸媽的關注。接下來，當他發現「當最優秀的那一個」不僅能讓父母自豪，還能獲得社會地位，他永遠不讓自己休息。

遺憾的是，高成就者的成功方式，無法帶來持久的工作成就感或滿足感。正好相反，他們永遠無法放鬆，因為放鬆令他們有罪惡感。雖然他們允許自己因為大賺一筆或成交而興奮，這種感覺很短暫，每一次的成功很快就被拋到一旁。他們因此持續提高標準，導致「獲勝」的循環升溫，接下來不免情緒低落，又需要進一步有好成績，以提振自己的精神。

梅麗莎（Melissa）是三十九歲的高成就者，她帶領一間成功的公司。梅麗莎告訴我：「一旦達成**某項成就**，幾乎就會立刻被忘掉。你必須專注力全放在下一個目標，這次的目標要更大。我永遠把每一件事都看成梯子——你永遠必須爬到下一階，逼自己努力，永遠讓自己變得更好。」

梅麗莎的故事說出高成就的動機與陷阱。梅麗莎從十歲起，就不屈不撓超越身體極限，當時她參加競技體操，這項運動需要高度投入與規劃目標，梅麗莎因此培養出「沒痛苦就沒收穫」的人生觀。

「我厭惡軟弱、藉口與缺乏決心。」梅麗莎回想：「人們處理不來某件事的時候，我認為那叫放棄——而對我而言，放棄永遠不是選項。」

進一步探索後，梅麗莎告訴我，她才六個月大的時候，父母就離異，場面十分難堪。在不顧女方意願的情況下，梅麗莎被交給父親帶。接下來三年，梅麗莎都見不到媽媽，直到司法機構把她判給母親。這個早期的創傷讓梅麗莎害怕分離。此外，她深深感到人一定要自立自強才安全。

早期的成功帶給梅麗莎很大的信心，但更重要的是，成功帶來了梅麗莎極度渴望的東西：母親的自豪與看重。梅麗莎一直仰慕事業成功的母親。此外，梅麗莎感到母親的看重可以換來愛。一切再加上梅麗莎確實有體育方面的天賦，學業成績也很好，她下定決心一定要成功，她要被喜愛、被重視，這樣才不會被遺忘或拋棄。

「當然，背後隱藏的動機是我想要取悅母親，讓她以我為榮。母親是我的角色模範，我非常敬重她。我希望這是雙向的——我想要母親重視我、以我為榮。她是個挑剔的人，但也有讚美人的時候。」

另一件有影響的事，在於梅麗莎的母親是自戀狂，她看重容貌的程度勝過一切，但梅麗莎指出自己的長相不如母親，也因此改從成就下手，她高度勤奮工作，以贏得母親的關注。這點令我感到訝異，因為梅麗莎長得很漂亮，沒必要過分彌補容貌的不足，但她一點都不這麼覺得——心智的力量實在太強大。

「我知道我和母親不一樣，沒有美到像電影明星，母親也會向我指出這點。我因此判斷我能做得好的地方，就只有從成績與體育著手，日後則是靠努力工作。」

母親告訴梅麗莎，只要全力以赴，就會達成心願。她的口頭禪是「只要你願意努力，不論什麼目標都可能達成。」

我告訴梅麗莎，她已經開始相信如果沒達成目標，就等同她是個失敗者。

梅麗莎同意我的判斷。「我內化了那種看法，我感到如果失敗……一定是因為我做得不夠多，進而感到自己是個不足的人。在我的一生中，這種人生觀一直在背後運作。」

梅麗莎讀完哈佛法學院後，在聲譽卓著的法律事務所工作。腎上腺素協助她每天長時間工作。如同體操教她的事，你要「咬牙撐過疲憊」。此外，梅麗莎努力工作的傾向，還被法律事務所的公司文化與精神強化。梅麗莎解釋：「你是被千挑萬選出來的人——你的心理素質理應比其他人強悍，有辦法克服肉體與心理上的疲憊。」

梅麗莎在法律事務所待了兩年後，判斷自己需要更多挑戰。她放棄原本的高薪，買下一間搖搖欲墜的公司。這個挑戰讓她有機會運用更廣泛的技能。此外，別人似乎都救不回來的東西，她有辦法救，這令她無法抗拒。事後回想起來，最聰明的作法應該是一年後就放棄那個事業，但梅麗莎沒準備好讓自己的手裡出現失敗。

「我下定決心要讓那間公司起死回生……我最終做到了，但差點連命都丟了。我一天工作十八小時以上，有時只睡兩小時。我還會直接工作到隔天，再到晚上，好多年沒休假。我累了，但我認為那是必須付出的代價。我知道事情不對勁，我精力無窮，居然不需要睡超過幾小時，但一開始我認為太好了，這樣就能工作更久，沒去想『我到底怎麼了？』」

梅麗莎的症狀持續惡化，無法繼續忽視問題。「我有一堆症狀，包括肌肉萎縮，一直掉頭髮，心臟狂跳等等。我得了葛瑞夫茲氏病（Graves’ disease），那是一種自體免疫疾病，治療過程中又發現長了腫瘤。」

出乎醫生的意料，梅麗莎在四年後痊癒，觀點也有所轉變。「我恍然大悟，賺錢與工作不過頭是好事，但我以前不這樣看。成就感與勤奮工作是綁在一起的。如果不必很拼，成就的意義就會減少。然而，我的健康問題教會我，我不必有任何成就，也已經夠好。我必須學著替自己感到驕傲與自豪，即便我一輩子不再做到任何事。」

梅麗莎不是孤例。許多神經性高成就者唯有到了健康嚴重出問題後，才開始評估狀況。倦怠是常見的問題。這樣的人渴望有一天能停下，但很不幸，很少能有停下的時刻。許多人整個職業生活全在滿足客戶的要求，忘掉自身的需求、渴望與方向。

這些高成就者是如何能忽視身體的睡眠需求，以及身體帶來的疼痛與疾病，依舊維持辛苦的長工時？有一種解釋是心智的力量藉由複雜與通常是無意識的防衛策略（我們在第一章介紹過），無視於不想要的感受。高成就者透過**「反向作用」**這項防衛機制，不必面對他們鄙視或恐懼的自己，也就是碰上無法接受的特質時，反其道而行。高成就者的驅力背後是相反的慾望——他們深深渴望能卸下責任與放鬆。然而，他們因為害怕別人會認為他們懶惰或軟弱，過度補償，逼自己努力到多數人無法想像的程度。他們的潛意識希望能停止，但害怕被人發現是懶鬼，或是無法勝任工作。

高成就者仰賴的另一種防衛機制是**「分裂」**，也就是一種全有全無的思考。除了第一名，其他都是失敗，事情的結果被簡化成零和賽局，沒有灰色地帶：拿金牌是獲勝，銀牌則丟進河裡。這種態度解釋了為什麼任何的挫敗，都會抹煞先前全部的成就，以及為什麼減少工作量，即便只是減少五%，高成就者就會認為自己開始自滿了，不夠努力。說到底，他們是在恐懼自己會表現不佳，被公司掃地出門。

此外，神經性高成就者還會否認他們的衝動是如何傷害自己，或是傷害身邊的人。他們看不見自己不需要那麼拼，他們不切實際的高標準，帶給別人太大的壓力，不自知他們的完美主義傾向與狂躁的精力，如何讓同事與部屬的日子難過。

許多神經性高成就者和梅麗莎一樣，靠成功來「滿足毒癮」，調節情緒，不再感到低落。腎上腺素提供他們接著做下一個計畫急需的精力。這個循環會升級，開始成癮。為了達成同樣的「吸一口」效果，訂下更高的目標。然而，他們爬得愈高，要完成的事也愈多，失敗的風險也變成好幾倍。強迫自己當第一名與成功的需求，很少會消失，甚至超出工作的領域。

如果碰上逆境時，「獲勝」成為解決問題的唯一辦法，此時是一般性高成就者與神經性高成就者的分野。雖然財務報酬可以解決實際的問題，成就本身無法解決潛意識的衝突或人際關係，也無法協助你處理強烈的情緒。先前的章節提過，早期人生的創傷經歷，有可能讓人變得難以調節情緒。舉例來說，如果缺乏克服「害怕」這種強烈情緒的能力，那麼因為失敗而感到的害怕，有可能達到恐懼的程度。當「做出成績」成為減輕或調節此類情緒的單一策略，神經性高成就者將永遠無法學到承受此類情緒的方法。

我們一般會以為，高成就者的父母也是高成就者，對子女有著很高的期待，造成子女認為得到愛與被人接受的方法，與成就密不可分。我認識的某些人的確符合這樣的描述，但不一定如此：個體更為複雜，而且大家的背景很多元。以我這些年來見過的例子來講，許多神經性高成就者很小的時候就發現，不論是想要獲得父母的愛、讓自己免於傷害，或是脫貧與遠離混亂的成長背景，成就可以解決問題。我聽到的故事有各種版本，但共通點是下定決心只許成功不許失敗。

這些人無疑體驗到極大的壓力，備感威脅。有的人想像如果遭遇挫折，自己就會一敗塗地、喪失競爭優勢，可能連工作都丟了。然而，真正該問的是，他們究竟是在回應內在還是外在的威脅，以及他們的反應理不理性。即便明顯存在外在威脅，如果心底想要有成就的衝動，甚至不惜傷害健康或個人關係，其實通常是在回應內在的威脅，例如：害怕自己軟弱、不夠好或不安。此外，也可以從試圖遠離早期創傷經驗的角度，了解想要獲勝的衝動。失敗或甚至是小挫折，全都可能讓高成就者想起過去的創傷，以及被壓抑的情緒。

身體的威脅反應系統開始運作時，將釋出腎上腺素與皮質醇（助長身體迎戰或逃跑的直覺），兩種荷爾蒙一起讓個體專注。此外，還會造成心率與血壓上升，從而使活力湧現與心神集中，也因此不會感受到疼痛。這點解釋了為什麼有人會接收不到需要休息、睡覺與疼痛的線索，進一步增加罹病與倦怠的風險。舉例來說，有的女強人堅持工作時，永遠穿著不舒服、對腳的健康有害的高跟鞋，以求在各方面增強自己的專業形象。一名年輕的銀行人士告訴我，她在罹患莫頓氏神經瘤（Morton's neuroma）的早期階段，不顧醫生勸她換鞋的建議。這種足神經受損的問題會引發劇烈疼痛。她因此讓自己的腳受到無法挽回的傷害，今日只有辦法穿運動鞋。我聽到的另一則故事是某位懷孕的女強人一邊生產，一邊開電話會議。據說能夠告訴別人這樣的故事，是一種榮譽徽章。

許多人發現，這種高強度的長工時工作方式，僅能維持六到十年，最終身體疲勞會讓他們支撐不住，或是個人關係受損，導致家庭四分五裂。更令人擔憂的是，有可能爆發憂鬱與其他嚴重的心理健康問題。身心聯手把不想要的念頭與情緒趕出意識，進入身體，以肌肉緊張的形式出現。雖然這種情形讓高成就者得以專注於工作，但緊張積存在他們的身體裡，無法加以思考與處理，最終以身體疾病的形式冒出來。

亞麗珊卓・米雪兒（Alexandra Michel）是商業與領導力顧問、賓州大學教育研究所的兼任教授。她從二〇〇〇年代初，開始研究兩間美國投資銀行十多年，主要從工作實務著手，探討銀行人士的健康與組織表現受到的影響。米雪兒發現，年輕的銀行人士會在任職的頭三年，把工作時間拉長到極致，忽視自己的身體，也忽視睡眠需求與疾病徵兆，但依舊有辦法拿出卓越的表現。然而，從第四年起，許多人開始出現身心問題，包括出現成癮性型行為，例如：飲食失調、愛看A片解悶等等。此外，他們的表現與創造力會受影響，同理能力也下降。到了第六年，大約四成的人至少會開始留意身體，修正工作行為，績效也因此回升。然而，剩下的六成繼續走在自毀的道路上，引發更多的疾病與心理崩潰。

神經性高成就者升上管理職後，將引發更多問題。他們通常會繼續抱持完美主義，以對待自己的方式對待下屬，認為每個人都應該和他們一樣拼，要求達到同樣的高標準。然而，他們會讓底下的人很難做事，因為他們期待員工要和他們一樣努力，卻不肯放權。他們不希望自己是弱雞，便把軟弱的形象投射到同事與部屬身上，認為只有自己能保持卓越。只要事情不符合期待，便責怪下屬「無能」，不會想到是自己沒能授權。過頭的責任感，讓他們感到負擔很重，但開口請求協助又是軟弱的象徵。

此外，如果人們感到這樣的主管，把自己的升官發財看得比部屬還重要，又將出現另一個問題。這樣的領導者不太可能讓人忠心追隨。更危險的是，高成就者的個人野心，有可能影響公司的目標或長遠體質。舉例來說，過去二十五年間，太多執行長被獎勵工資計畫引導，把心力放在增加公司的短期股價，無視於最佳的長期策略。提振下一輪的利潤永遠勝過必要的公司長期投資。這些執行長本身獲得的即刻滿足，是他們唯一認可的成功。

立志在工作上當大人物，還會延伸到想被視為最好的另一半。這種人通常無法離婚，因為離婚代表他們失敗了。然而，他們缺乏解決緊張關係的情商，也因此困在糟糕的婚姻裡。他們合理化自己過度工作的情形，認為這是「為了家庭好」，深信自己「是對的」，另一半「是錯的」。隨著婚姻關係愈來愈緊繃，他們更是縮回工作，認為工作待他們比較公平。同事的敬意與欣賞被用來證明他們「是對的」。一個人必須具備情緒成熟度，才能意識到自己在家庭的緊繃關係與紛爭中扮演的角色，但很不幸的是，高成就者在這方面不及格，用處理公司問題的方法來處理家庭摩擦。

三十五歲的創業者安德魯（Andrew）便是如此。他起初請我協助事業上的問題。這裡先解釋一下，我的診療室位於住宅客廳，我用接待區隔開屋子一樓的其他區域。人們進入我的診療室之前，先看到接待區。安德魯第一次來的時候，不巧接待區比平時混亂：腳踏車隨便靠在樓梯扶手旁、剛用完的網球拍沒放回原位。安德魯身材高大，穿著昂貴的西裝打領帶，無懈可擊的外表帶來的對比，因而更讓我感到自慚形穢。

安德魯語速很快，講話有理有據，不讓對話有任何中斷的時候，也絕口不提負面的事。我聽著安德魯講話，他整體的性格很快就顯現出來。「我渴望出擊，超越先前創下的個人記錄。」安德魯解釋：「我想讓自己變得更好，改善自己，推自己一把。如果不做到最好，我會失望。如果做得好，我知道自己有進步。我想獲得有形的事物，有辦法看出自己每個月都有所進展，但我人生中的其他事則比較難掌控。」

所謂「人生的其他事」，指的是他的性格特質正在替他的婚姻帶來困擾。對安德魯這種類型的人士來講，他們能掌控的工作專案，感覺比無法預測的複雜親密關係好處理。

安德魯早期的成功動機是渴望獲得讚美。安德魯解釋，他生長在普通的勞動階級家庭。他是長子，也是家中偏愛的孩子，父母與祖父母都寵他。他從小就想獲得眾人的喜愛，日後更是對這種感覺成癮。安德魯努力維持在家中的特殊地位，不曾學會處理拒絕與批評，甚至是任何不舒服的感受。

父母在安德魯的早期歲月，提供了安全的「依附」，不過安德魯依舊渴望拿出好表現。他長大後，別人沒像父母一樣，讓他眾星拱月。溫暖、慈愛與安全的家庭基地，有可能讓人沒準備好迎接不公平的殘酷世界。安德魯處理這種情形的防衛策略是加倍努力成功，遠離拒絕與批評。

安德魯的童年小故事說出很多事。他記得大約在六歲的時候，參加了參觀運動中心的校外教學。「在回家的路上，我感到我必須做功課。其他每個孩子都笑我傻——但我知道我必須做功課。」

安德魯發現他永遠可以靠努力拿第一，永遠不讓父母失望，而且過程中可以完全避開不好的感受。「家人讚美我的另一件事，是我支持他們，溫柔體貼。」安德魯解釋：「我想努力變完美，而那代表我永遠不能鬆懈，不能讓自己成為被批評的對象。」

安德魯持續在整個成功的求學過程中，以及高薪的職業生涯中，努力端出最好的表現。他持續感到「特殊」，受眾人景仰，這點對他來講很重要。然而，安德魯不是完美無缺，例如他有長期焦慮的問題，而他的處理辦法是在事業上，一遍又一遍取得成功。

每一次成功都能減輕安德魯的焦慮，但他不免事後又開始感到心情低落，再度需要更努力、更成功，才能再次取得平衡——標準不斷提高，引發另一次的焦慮循環。

安德魯告訴我：「我達成目標時，自然會湧出腦內啡，接著又不免心情低落。」

安德魯的職業生活和所有人一樣，不免碰上挫折與人際緊張。然而，他為了保持萬人迷的形象，有必要壓抑沮喪與怒氣。然而，這些負面感受總得有去處，所以去哪裡了？

在我們日後的對談中，答案水落石出：安德魯的妻子首當其衝。安德魯經常一感到妻子在批評自己，就會不耐煩。他會講出自己的不悅或冷戰，進一步惹惱妻子。

我告訴安德魯，他會沮喪是因為妻子沒和同事與客戶一樣，把他捧上天。

「你心中的某塊地方認為，妻子理應比同事更體諒你，震驚她冷言冷語。」我說：「你似乎把其他人敬重你當成證據，證明在這段關係中，錯的人是她。」

安德魯還碰上其他問題。公司正在成長，也就是說事務愈來愈繁雜，他無法再和以前一樣事事掌控。安德魯接受了一陣子的高階主管輔導後，承認該改變的時刻到了。他對於失敗的恐懼與強迫性的工作習慣，正在讓他的事業和婚姻都處於危機。

要改顯然很困難。想到要降低工作量，即便只是少一點點，也讓安德魯焦慮，因為不盡全力就是「懶惰」；而且他的工作紀律帶給他掌控感，以及隨之而來的財務成功。不過，最大的改變障礙藏在內心深處：安德魯的衝勁與抱負，讓他得以避開負面的感受與批評。

安德魯明白自己是怎麼一回事後，改變的動機增強。他做出重大改變，好讓事業得以拓展。他現在有辦法交出部分的事業控制權，減少熬夜工作。安德魯把愈來愈多責任分出去，容忍尚未完成的工作帶來的焦慮。此外，安德魯意識到自己未來的幸福，仰賴與妻子之間有著堅強的伴侶關係。

安德魯和別人不同。他很幸運，在情況惡化到婚姻破裂、罹患重大疾病或事業垮台之前，就清醒過來。過度工作通常是一種分心的手段，好讓自己不必面對親密關係的壓力與挑戰。有的人無法處理親密關係、但又受不了孤單一人，此時變成工作狂似乎是理想的解決方案。辦公室的友誼提供了假性的親密關係，可以滿足連結的渴望，降低孤獨感，又能維持掌控的假象。神經性高成就者如果恐懼強烈的情緒與混亂的親密關係，工作提供了替代關係。對他們來講，親密關係本身似乎不會帶給他們什麼。婚姻讓他們感到「我已經得到這個人，他／她已經仰慕我。」婚後沒有明顯要瞄準的目標，也沒有象徵著成功的標誌——不會帶來財務上的勝利，也沒有要搶下的合約。高成就者會和安德魯一樣，當配偶拒絕和他們習慣的一樣，把他們當成景仰的對象，他們會感到沮喪。婚姻生活無法滿足他們對於讚美和認可的無止境需求，懷疑結婚到底有什麼意義。

高成就者有很多好處，他們本身會享受到好處，他們任職的企業也會獲益。高成就者取得的財務獎勵，有辦法提供家人奢侈的生活方式，這點很難捨棄，再加上高成就者有著必須掌控內心世界的情緒需求，想到要改變令人害怕。相較於做出重大改變，來一點小小的改變比較實際。第一步是意識到高成就製造的問題，多過解決的問題。

如果你感到自己的野心，正在帶給你本人、你的職涯或身旁的人傷害，問自己以下幾個問題：

- □ 放鬆是否帶給你罪惡感？
- □ 是否一有挫折，你就感到前功盡棄？
- □ 你過長的工時，是否對你的個人與家庭生活產生負面的影響？
- □ 你是否因為工作過頭，出現身心症狀？
- □ 你是否幾乎不可能想像把工作量降到某種程度？
- □ 你是否因為同事與下屬達不到你的標準，努力的程度不如你，嚴厲地斥責他們？
- □ 你是否靠「獲勝」來改善心情？

如果答案令你感到不妙，試著找出你的動機源自哪裡，看是來自你的內心世界與個人史，也或者是外在的因素，例如：同事的競爭、管理階層施加的壓力，或是任職地點的文化？

如果你給自己設定高到不合理的期待，那就請身邊的同事或教練，協助你了解不同的觀點。你必須面對自己的工作習慣是如何影響了健康與個人關係。你如何對待他人，通常反映出你與自己的關係。當同事惹你生氣，你要意識到你可能對他們太嚴厲，就跟你對待自己一樣。

你在壓抑過度工作的衝動時，自然會產生焦慮與不舒服的情緒，此時試著忍住是關鍵。冥想或瑜珈等身心技巧，可以協助你慢下思考，不再那麼衝動。意識到人生不免失敗與遭遇挫折後，你的職業生活與個人生活都能獲得成長。

外在的驅使

如果受到外在驅使的動機，人們比較容易發現自己落入不健康的困境。碰上這種狀況的人，通常會在任職的頭幾年表現良好，但是當現實讓他們明白，再繼續往上爬需要付出什麼代價時，他們感到承受那樣的壓力不值得。然而，有的人不願批評組織，太容易當成自己的問題。然而，如果過度的期待來自組織，而不是你自己，或許該質疑這份工作是否真的適合你。花時間好好思考，工作文化是如何衝擊著你的個人生活與幸福。萬一代價過高，想一想自己怎麼看。

某位女性在三十歲離開投資銀行圈，她告訴我：「當我擁有真正的財富後，我發現錢沒帶來快樂。我躺在枕頭上時，一個聲音告訴我：『你再也不必這麼做了。』我感到完全鬆了一口氣。我做到功成名就後，感到一切都是徒然。」

這位女性的自省能力，協助她做出決定。她仔細把事情想清楚了。

內在的驅使

有的人的動機與內在世界比較有關，他們下意識試圖解決深層的心理衝突，更可能不計代價往前衝。光是離職不會有太大的幫助，因為他們八成會把同樣的工作模式，帶到下一份工作。此時需要進一步了解自己。

舉例來說，問一問自己，工作是不是你轉移注意力的工具，好讓你不必處理個人關係中的麻煩事。更好的作法是問配偶或身邊的人怎麼想。或許你與同事之間的往來，提供了你能忍受的有限度的親密關係。如果是這樣，不必斥責自己，你要提供自己需要的慈愛，了解自身的限制。雖然意識到問題出在哪裡，不一定就能因此克服心理障礙，但可以協助你接受限制。

把自己從極端的高成就需求中拯救出來，將是一條漫長的困難道路。首先，先了解源頭是什麼。接下來，採取小小的步驟。一開始可以從原本拿出百分之兩百的努力，減少成百分之一百九十就好……

5 性格衝突

——你在當中扮演著哪個角色？

我在進入商業諮商的領域前，輔導過非常多對夫妻做關係治療。每位當事人來做最初的治療前，目標通常是一樣的：他們急著讓我懂他們那一方的講法，讓我相信伴侶對他們不公平。每個人都想像，我將糾正他們的另一半的錯誤思考與行為，但我通常會立刻粉碎這種幻想，明講我不會替他們主持正義。

「我這就省下你們很多時間與金錢。」我會告訴他們：「我對於這究竟是誰的錯不感興趣。我比較想知道，不論你們是否意識到，這場讓你們雙方都過得不幸福的婚姻，你們各自得負多少責任。」

跑來諮商的夫妻，臉上會露出極度失望的表情，但離開時反而通常會更下定決心，一定要讓全世界的人明白這場婚姻的真相。就算我認為婚姻會出問題，雙方都有責任，他們絕對是例外。等我聽到他們都遭遇了些什麼，一定會改變主意。那些夫婦因此耗費更多的時間與金錢，繼續諮商下去。

Netflix的電視劇影集《黑錢勝地》（*Ozark*），有一個讓人啼笑皆非的例子。主角是一對夫妻，兩人因為替毒梟洗錢，涉入犯罪。片中他們各開一台車去見治療師，在諮商過程中，治療師站在丈夫馬蒂（Marty）那一邊，妻子溫蒂（Wendy）感到挫敗。諮療結束後，兩人各自回到車上，但馬蒂等著溫蒂先開走，等妻子一離開，就立刻回到治療師那，塞錢感謝治療師站在自己這邊。然而在下一集，溫蒂同樣也想到可以這麼做，也塞了紅包。最後唯一的贏家，只有和他們夫妻一起違反道德的治療師。

有一說是你在婚姻裡有選擇：你可以選擇要當吵贏的人，也可以選擇要當幸福的人。我從替人證婚的牧師那聽到類似的忠告：「你吵贏的時候，別忘了你獲得的獎品，將是和輸家一起上床睡覺。恭喜你！」

婚姻治療帶來的心理洞見，有可能讓當事人免於一路奔向離婚的結局。事業上的夥伴在處理衝突時，其實也可以把婚姻治療當成借鏡，因為不論是婚姻的伴侶或事業合夥人，兩者的常見主題是對於「不完美的夥伴關係」，或是因為無法化解爭議，感到失望沮喪。人們之所以會合夥做生意，起初通常是因爲興趣雷同，目標也相似，而且通常是好友。然而，團結能力量大的原因，在於雙方各自貢獻所長與人格特質，相輔相成後，有可能建立成功的事業。每一位合夥人都提供另一方缺少的東西，但彼此的差異會導致摩擦。這和始於激情的戀愛一樣，起初愛的魔力會讓人相信：「只要我們兩個人在一起，什麼都辦得到。」然而到了最後，現實沒那麼容易，兩人開始爭吵各種事，必須做出關鍵的困難決定。人們發現另一方身上，有當初沒料到的特質，例如：想要奪取控制權、性格暴躁或做事不用心。二人同心，其利斷金的情形並沒有出現，反而互扯後腿，沮喪沒人感激自己的付出。兩人進一步堅持己見後，分裂的情形更嚴重，雙方成為競爭者，而不是合作夥伴。兩人有辦法讓彼此拿出最好的一面，但也可能顯露最醜陋的一面，而近距離合作最容易讓我們面目猙獰。我的患者講過一句話，大意是：「問題不只出在我的合夥人身上，我還被自己的行為嚇到。」

當人們心灰意冷，用盡各種辦法都無法解決問題，事業與婚姻的合夥關係會走到盡頭。當初結盟時，沒人是朝散伙努力——很少人會去想可能出錯的地方。當然老實講，要是花太多時間設想最糟的情形，創業計畫八成會胎死腹中，樂觀是創業與願景的基本元素，不過，分道揚鑣的痛苦程度，有可能高到出乎意料。拆夥的人經常形容這種結局混合了失落、憤怒與悲傷，痛苦的程度不亞於離婚。

好吧，那伴侶治療如何能應用在工作的合夥關係？答案是我們必須把工作上的合夥，也視為一種循環的動力，同時有多個造成影響的因子。我們無法以單向或線性的方式解釋，就是因為某某原因，最後造成不幸的結局。我輔導的商業人士和已婚夫婦一樣，大家跑來我的診間，深信都是另一個人的錯。我的作法是鼓勵他們拓展觀點，他們會訝異自己發現的事，想要多瞭解一點。我常講一句話：「如果你們來這裡，只是要講自己早就知道的事，那沒有意義。」

第一步是先建立**共享現實**（shared reality），也就是不論雙方相互同意的程度有多低，找出兩個人都同意發生過的事。接下來，我會聽各自的觀點，探索他們如何在無意間，引發彼此的負面特質。此時的重點是鼓勵對彼此的動機感到好奇，也對自己造成的影響負起責任。此外，我也會解釋，找出自己在衝突中扮演的角色有好處，你掌控的能力會增加，畢竟改變自己的行為會比改變夥伴容易。

以上是理論，接下來看實務上發生的事。合夥人的關係會緊繃，常見的情形是其中一人重視細節與營運層面，另一個人的長處則是充滿創意，或是更會推銷公司。某媒體新創公司的兩位創辦人找我協助，他們正好是這樣的例子。A的個性一絲不苟，重視細節，凡事條理分明。A受不了合夥人B。B是創意型的人，賣產品交給他就對了，但偏向自由放任風。公司同時需要A與B的能力，但兩人已不再感謝彼此的貢獻，開始把對方視為威脅。高度重視細節的A感到創意型的B不可靠，B則感到A「嘮叨個不停」。

我營造出安全的氣氛，探索引發爭議的議題。我先分別聆聽雙方的說法，接著讓兩人坐在一起，解釋他們各自如何火上澆油，導致衝突升溫。我們在諮商時間，深入探索他們早期的人生，了解他們的焦慮與動機源頭。這個過程可以分開做，當事人願意的話，也可以一起諮商。他們將有機會深入了解對方的背景，以及他們因此受到的心理影響。建立共享現實可以讓人從脈絡的角度看待衝突，了解雙方各自都軋了一角，不把焦點放在找出罪魁禍首，急著回擊對方的說法。一旦不必擔心遭受不公平的指控後，當事人會更願意探索不同的作法，找出同時適合兩個人的解決之道。

這對媒體二人組在持續諮商的過程中，顯然把彼此逼到更具破壞性的模式。由於創意人B不重視細節與最後期限，合夥人A愈來愈焦慮，更急於平息自己的不安。在此同時，B因為A不斷盯著他，逼他遵守時間表，感到被挑剌，一氣之下更不想配合。雙方開始冷戰，負責營運的A由於感到不安，變本加厲，更是抓著B不放——惡性循環再次強化。兩人分別以不同的方式處理焦慮：一個靠強迫，另一個則靠疏離，不去碰感到不舒服的地方。換句話說，兩人為了減輕自身的焦慮，搞得對方更焦慮。A和B由於性格不同，各有不同的貢獻，但兩人沒把相輔相成當成好事，互看不順眼。

我發現創意人B還逃避其他的親密關係，先是遠離令他感到窒息的母親，接著在婚姻裡也做一樣的事，親密關係讓他感到驚慌失措。操心型的A則害怕失敗。他因為父親過去做過糟糕的事業決定，家道中落，下定決心不能重蹈覆轍。諮商時檢視兩人的成長背景有好處，以這樣的方式擴大脈絡後，將能提供解釋，深化了解，減少怒氣與指控。若要得出持久的正面影響，雙方都必須了解彼此的動機，忍住自己的焦慮，改變自身的行為。

A和B接受個別輔導與共同輔導後，想起一輩子的交情，也想起當初為什麼會成為好友。他們是為了事業的未來，也是為了挽回兩人的友誼，願意面對難堪的事實，找我諮商。這種解決問題的動機，恰巧是前述的解決法能成功的關鍵。兩人得以再次感謝彼此的付出，培養出更親密的工作關係，不被彼此的差異惹惱。兩人更感激彼此的貢獻後，操心型的A不再那麼焦慮，有辦法放鬆。創意型的B則感到被攻擊的次數減少，更願意聆聽與合作。兩人明白自己是如何讓問題火上加油後負起責任，讓惡性循環改走向具有建設性的循環。

我們稱一起工作的人為**「同事」**，掩蓋住我們其實是在處理關係——這樣的關係，其實和人生其他的親密關係沒兩樣，有時會惹惱我們，戳到我們的痛處。我們起初把工作關係，當成一種交易關係或功能關係，就事論事，在商言商。然而，隨著時間過去，這種關係會成為共生關係，相互依賴。要能成功的話，信任、合作與處理意見不合成為關鍵。

從很快就被忘掉的爭論，一直到激烈的口角或懷恨在心，職場衝突是無法避免的事，畢竟有人就有江湖。不過，相較於配偶或親人間的衝突，同事起爭執的差異，在於少了親密關係。家裡的口角通常吵過就算了，因為你們知道雖然現在在氣頭上，你們之間有愛與尊重。家庭中的個人關係對你來講，意義較為重大，你會比較努力想辦法解決。此外，家庭生活提供的安全感，讓人有辦法進行情緒較為激動的對話，在工作時情緒失控的代價則可能很高。不過，沒被直接表達出來的怒氣，以及其他的強烈情緒，將找到間接的出口，例如：有的人會因此出現陰陽怪氣的舉動，而這種態度通常不會有好結果。另一種可能則是把情緒吞下肚，導致焦慮或憂鬱。

在職場上，脫口而出的話也更容易刺傷我們，我們不一定清楚對方講話的方式，是否原本就比較直或口無遮攔。此外，有的人不是故意的，但聲音聽起來很衝而不自知，讓別人感到被攻擊，或是遭到不實的指控。我們因此比較不會把這種人的話往好的地方解讀，誤解意思或動機的機率變高。我們感到對方可能是想搶我們的工作，圖謀一己之私。此外，一旦對某個同事抱持惡劣的評價，我們通常會認定他們是某種不好的人，很少有時間或有意願重新評估看法。我們為了擺脫自己的罪惡感或無力感，一下子開砲，認定對方罪大惡極。

另一方面，扭轉別人對我們的看法，同樣也得費很大的力氣。舉例來說，如果你是老闆，你確實如大家所說的那樣偏心，那麼你必須以明確的方式，讓大家看到你下定決心做到公平公正，一段時間後讓員工相信你真的已經悔改。太常發生的情形是人們自己在心中轉念後，就認為別人會突然神奇地知道這件事。同仁不知道你有多努力有心要做好的時候，不必氣惱，讓別人相信你已經調整作法，是你的責任。

個人衝突升溫時，我們的預設傾向是認定是對方的錯，甚至認為他們「卑劣或瘋了」，只因為他們不認同我們的看法，惹惱我們。雖然這種態度能安撫我們脆弱的自尊，這種自欺欺人的想法，代表我們認為自己沒有需要學習的地方，沒必要改正，錯過找出自身盲點的機會。驟下結論只會讓事情惡化，在你認定事情就是怎樣怎樣之前，先想一想你在這次的事與更大的脈絡下，扮演著什麼樣的角色。它們是否說出你不想聽的事？是否點出需要處理的事？你是否害怕沒面子？好好想一想，另一個人為什麼會那樣，了解他們的動機，好奇他們的想法，以成熟的心態考慮對立的看法，不要當成威脅。

進一步問自己，為什麼這個人讓我生氣？這種互動感覺很熟悉嗎？緊繃的情緒是否來自我的內心世界？換句話說，其實是過往的經歷造成的？還是說，我忽視可能出問題的情境，因為我害怕起衝突，或是講出來會有後果？或是我單純實在是太累了，沒力氣面對這件事？

辦公室的衝突，有可能讓我們想起童年往事。這點可以解釋為什麼對某些人來講，小事感覺是大事。實際上沒什麼的爭執，天卻好像要塌下來。舉個例子來講，老闆沒注意到你，的確讓人沮喪，但如果這和童年被忽視的感受重疊在一起，那就會變成很大的打擊。有的人成天緊張兮兮，或是在早年的生活中，被迫隨時高度警戒著四周，隨時可能有人傷害他們，這樣的人有可能無法區分良性的爭論與嚴重的爭執，不僅會立刻發現氣氛緊張，還會進入備戰狀況，誤判情勢，看到不存在的衝突。

我們的家庭帶來我們心中的藍圖，影響著我們如何看待與處理衝突。我們會把那樣的藍圖也帶進工作。仔細想一想，你家如何處理衝突。你們是否大聲吵架，你吼我，我吼你？爭執會被化解，還是一發不可收拾？每個人獲得尊重，還是被無視，或是吵架會被逐出家門？爭論完之後，問題會獲得解決，還是雪上加霜而已？家裡會討論棘手的問題，或是裝作沒這回事？家人會直接表達感受，還是陰陽怪氣？情緒溫度升高時，你是否感到安全？

如果在你的家中，衝突會帶來危險或甚至是暴力結果，那麼日後任何的意見不同，將使你感受到威脅。如果你的家族史是這樣，回想一下你是如何回應。以牙還牙？趕快躲起來？試著保護受到攻擊的人？

接著再想一想，這些經歷如何影響你在工作上碰到的爭執。你是否在職業生活中，扮演著和家中同樣的角色？你在過去有可能是拯救者、代罪羔羊或調解者。你是否在職場上再度扮演相同的角色？如果答案是「絕對是的」，那麼接下來你要問自己，這種作法的效果好不好。

以我繼承的家庭衝突藍圖來講，我父母定居在美國加州，他們是匈牙利移民。在我的成長過程中，兩人經常吵架，但只用匈牙利語吵。也就是說，爸媽究竟在吵什麼，我一頭霧水。移民家庭常這樣，家中最大的孩子會講父母的語言，負責翻譯，我這種最小的孩子則在狀況外。不過，我雖然不懂爸媽吵架的內容，我能感受到情緒升高，講話聲變大。每次吵完後，問題似乎沒有任何進展，只有負面的作用：爸媽心情不好，每個人都是輸家，各自躲進不同的房間。

我是喜歡幫助人的孩子。我起初試著了解發生什麼事。我會鼓起所有的勇氣，站起來，凝視著爸媽的雙眼，要他們說英文。爸媽會愣住，不可置信地暫時看著我，接著就立刻再度用匈牙利語大吼大叫。我最後放棄。

童年經驗讓我認為意見不合會立刻升溫，每個人都是受害者，包括我在內，我尤其會遭受池魚之殃。我實在是不懂如何才能化解紛爭，而這件事無疑影響了我最終追求自雇的職涯，擔任自由工作者的話，就不必面對人際衝突。我是經過多年的自我分析與下定決心後，才學會從客觀的角度思考不同的意見，甚至歡迎不一樣的看法。

我們不只會把家中的心理藍圖帶進職業生活。我們在工作時，也會複製從前解決衝突的策略。在我們小的時候，那些策略有可能曾經派上用場（也可能不成功，如同我的例子），但用在職場上，有可能不但無法化解緊張的氣氛，反而像接下來的這個例子一樣，讓事情愈演愈烈。

三十歲出頭的瓊（Joan）是溫暖討喜的單身女性，任職於財富管理公司。瓊從小學到的策略是避免產生衝突，她在辦公室也這麼做，卻造成反效果。

瓊讀到我在《金融時報》(*Financial Times*) 上談職場衝突的文章，無計可施之下跑來找我。瓊顯然自認遭到不公平的指控，有必要尋求專業的協助。瓊說話輕聲細語，也願意檢討自己，但她遭到的指控是霸凌同事，我好奇究竟是怎麼一回事。

瓊聰明能幹，但無法了解為什麼自己極力配合團隊，支持團隊，卻完全只有反效果。她感到被誤解，遭受不公平的攻擊。瓊的作法是給團隊大量的彈性與責任，但也定期與他們溝通，還以為團隊會達成績效目標來報答她。然而一次不愉快的事件，曝露出這樣的策略效果有限，瓊開始懷疑自己。有一天，瓊的下屬尚未完成重要的專案，就提早下班，衝向酒吧。瓊認為自己提供下屬非常自由的空間，結果就是人善被人欺，她氣壞了。

「我向他們提這件事的時候，他們抗議：『你太嚴格了啦。』『你的標準太高了。』」瓊語帶沮喪。「我感到眼前是一群孩子。他們這麼做不公平，我感到受傷。」

其中一名團隊成員，甚至公開拒絕瓊要求按時完成專案的指示。「在我的部門，這是前所未聞的；如果你該完成某件事，你就得做。那名同事說我的要求太不合理，專斷獨行，沒好聲好氣拜託他們。他講一講甚至說出：『你在這間公司，原本就有欺負下屬的不良記錄，我可以**向管理部門**舉報你。你等著瞧。』」

管理部門似乎也認為，那名員工說得沒錯，瓊感到極度挫敗。她不敢相信自己給了下屬那麼多的自由，只換來下屬威脅她，管理部門也不支持她。瓊試著藉由討好每一個人，避免發生衝突，完成工作，但顯然失敗了。雖然下屬和她對立的情況變得嚴重，每個人都有責任，瓊直覺感到一定是自己無意間捅到馬蜂窩。她因為擔心又會再度重蹈覆轍，特地跑來找我，一定要弄清楚究竟是怎麼一回事。

我們很快就發現，瓊的家中也有著類似的動態——瓊配合家人，卻遭到不公平的對待。父母經常拿瓊和姊姊做比較，讚美學業成績比較好的姊姊。爸媽的用意或許是要激勵瓊，要她更努力讀書，卻出乎意料的讓瓊認為，父母都站在姊姊那邊，即便是她做對的時候也一樣。

瓊談到這裡的時候，坐在椅子上的她往前靠，興奮找到關聯了，告訴我：「我在工作上感到的沮喪，和小時候那種感覺很像：『等等，聽我說，其實事情是這樣的，你們對我不公平。』辦公室發生的事和這種感覺很類似，我試著替自己辯解，但沒人想聽，自動假設姊姊、團隊或任何抱怨我的人說得才對。我的童年和工作真的有很像的地方——留意到這點太好了。」

瓊的父母都是全職工作者，瓊從小感到爸媽工作一整天很累了，根本不想管女兒吵架的事。瓊為了討好父母，乖乖不惹事。「如果你讓步，讓問題能解決，爸媽會開心。」瓊解釋：「我在工作上也是那樣。」

瓊意識到相似之處後，阻止舊習慣跑出來。她問自己相關的問題，改變管理團隊的方式。

瓊說：「我太容易退讓。」她發現通融不但不能避免衝突，反而會製造衝突。「或許那就是為什麼大家開始不遵守最後期限，績效開始下滑。他們發現我只是講講而已，等我真的硬起來，他們說：『等一下，怎麼了？這個工作我已經拖了三個月，你也沒說什麼，為什麼現在要這樣？』」

我密集輔導瓊一段時間，檢視如何能以其他方式管理她的團隊，結論是瓊應該採取更有架構的方法，更密切地與下屬合作。一段時間後，瓊告訴我事情的進展。

「我們講好一個期限。如果做不到，我們會談一談，確保不會再度趕不上。我現在更開心、更信任人。關係回歸正軌——不那麼情緒化，更專業。」

我們和瓊一樣，組織生活帶來的壓力，有可能讓我們感到自己像小孩。從前經歷過創傷的人（稍後會再解釋，大部分的人或多或少都有過創傷），衝突會讓舊傷口跑出來。

工作上常見的令人失望的事，包括升官的人不是自己、遭受不公平的對待、沒受邀加入某個工作小組等等，有可能讓早期的傷口裂開。你自己也不曉得為什麼，但就會沉浸在討厭自己、自己沒價值的情緒中。有的人甚至感到羞恥，自認不配活在世上。

剛才提到，創傷的定義比一般人想得還廣，痛苦經歷引發的各種情緒與身體反應都算在內。最常見的創傷來自在人生的頭幾年，不安地依附著父母或照顧者。父母或照顧者在回應我們的早期需求時，如果混亂、疏忽、矛盾或焦慮，我們回應情緒與關係的方式，將受到持久的影響——甚至一生都被影響。心智會衝出來保護我們，透過麻痺或解離，阻擋憂傷、絕望、痛苦或憤怒等各種令人無法承受的感覺，以各種方式讓我們遠離不好的記憶。

儘管是無意識的，創傷不會消失，一直留在我們體內，被工作上的緊張時刻再度引爆。這個理論可以解釋，為什麼很小的爭執或一句不好聽的話，如果剛好讓你再度感受到過去經歷過的羞辱、無助或遺棄，你會有非常大的反應。對許多人來講，工作地點真的有可能讓他們痛苦萬分。

夏洛特（Charlotte）是富有魅力的年輕女性，個性開朗活潑，和合夥人露易絲

（Louise）一起開創網頁設計事業。夏洛特告訴我的故事，說明了早期的創傷，很容易在工作關係中再度跑出來。

夏洛特是家中的獨生女，父親要不就缺席，要不就讓她日子難過。夏洛特談到父親的整體人生態度，就是「每一件事永遠都不夠好」。夏洛特如果在學校沒拿到好分數，或是生活中有任何領域沒做好，就會感到父親受不了她。夏洛特的母親是順從型的女性，永遠遷就霸道的丈夫，但雖然夫妻倆一個願打，一個願挨，夏洛特記得家中的氣氛緊張又不快樂。

家庭回憶深深烙印在夏洛特心中，困擾著她和露易絲的合夥關係。最大的問題是露易絲隨口講一句話，夏洛特就會感到是在指控自己，再度受傷，好像聽見父親在說話。

「**專案**很簡單的時候，露易絲會說：『天啊，寫那個居然花了你一整天的時間？』那種話會讓我慌張不已，好幾天都陷入自我懷疑。」

夏洛特解釋，她們兩個人都曾經趁對方休產假時，試圖變成公司的老大，衝突因此升溫。先是夏洛特，再來是露易絲，兩人在銷假回公司上班後，因為爭權而產生衝突。女性在生完孩子、事業中斷了一陣子後，重新上班是很不容易的事，但夏洛特和露易絲沒抱持同理心，反而趁機壓過對方。

夏洛特說：「我休完產假後回公司，那是我感到最無力的時刻。我不確定自己的身分，失去原本在公司扮演的角色，變得非常敏感，露易絲卻一點都不同情我，反而利用那段時期。」

然而，輪到露易絲休產假時，夏洛特也趁機扭轉情勢，鞏固自己在公司的地位。夏洛特在合夥人不在的期間，「成為公司的門面」，信心大增，表現變好。夏洛特坦承她在露易絲回公司後，給她下馬威，沒做到平等的合夥關係。夏洛特會因為被批評而感到受傷，露易絲則主要受不了被擠到一旁。雖然夏洛特自己沒意識到，但她不讓露易絲參加討論，還和公司裡的其他人結成派系，以確保自己的權力在露易絲之上。

夏洛特反省自己趁露易絲不在的時候做的事：「我是在失勢、忍受了兩年窩囊氣後，想辦法爬回去。我現在明白露易絲當時處於弱勢，她的感受大概和我完全相同。」

兩人的相處方式有利有弊。一方面，兩人的競爭關係對公司有利，她們永遠不敢鬆懈，深怕表現不如對方。然而，針鋒相對有代價。此外，在夏洛特心中，公司只能有一個最高的領導者。這種心態源自她生長的家庭。她感到自己如果不是掌權的那一個，就會是受害者。

「我現在意識到，我因為有一個愛批評人、作威作福的父親，身邊又沒有強大的女性角色模範，我變得過度敏感。」夏洛特回想：「失敗的感受太可怕，讓人非常討厭。你很容易就懷疑自己，我感到澈底不安，無依無靠，毫無價值，一團混亂。我很少看到母親替自己挺身而出，被欺負也只能默默承受。」

露易絲在感到不安時會大發雷霆，剛好踩中夏洛特受不了被批評的敏感地雷。然而，夏洛特保護自己的方式是縮起來，露易絲因為感到被拋下而憤怒。兩人就這樣無意間傷害到彼此與公司。

二〇二〇年的疫情封城期間，露易絲和夏洛特之間的情況有所改善，因為兩個人都在家工作，接觸的時間變少。甚至在封城期間前，兩人在工作上就「各自登山」。拉開距離減少了衝突，但有可能危及兩人的合作關係，公司需要她們齊心協力才能壯大。兩人之間的緊張關係，至今尚未完全解決，不過夏洛特在更了解自己後，如今更能客觀看待事情，也更能體諒露易絲，兩人的關係有所改善。

如同本書提到的許多例子，有過創傷的人會發展出生存策略，處理受傷帶來的強烈感受。常見的作法是塑造出獨立自主的形象，或是想辦法掌控周遭的環境，確保不會發生突如其來的事。工作狂與完美主義，或是讓他人依靠自己，同樣也是在想辦法讓自己不會仰賴任何人。想一想你學到以什麼樣的策略，遠離家中的有害情境，例如：你可能很少說話，或是當個乖寶寶，以免一觸即發的情勢升溫。你是否學到靠討好別人，忽視自己的需求，讓照顧者對你另眼相看，多給你一點關愛？

法蘭茲．魯伯博士（Franz Ruppert）是慕尼黑應用技術大學（University of Applied Sciences in Munich）的心理學教授，書寫過大量的創傷研究。他的理論是有一部分的我們創傷一直沒好，另一部分的我們找到隱藏情緒的策略，此外還有一個沒被創傷傷到、**「健康的那一面」**（healthy side）。這個第三部分讓我們有辦法忍住感受，以清楚的頭腦思考，面對痛苦的事實與棘手的情境。我們接觸自己健康的一面時，以更慈愛的態度對待自己，有辦法感受到正面的情緒，例如：喜悅與熱情，以及感受到在人生中具有**能動性**（sense of agency）。我們在工作上感到受傷時，最理想的回應方式，將是求助於自己健康成熟的一面。

改變你的敘事：你需要改變你的敘事，才有辦法處理職場上的衝突，因為你告訴自己的故事，將在很大的程度上影響衝突是否會獲得解決，也或者會持續下去或升溫。故事不只是一種解釋——故事帶來的感受，將使你感到安全或受到威脅。此外，如果你的解釋固定不變，你採取的潛在解決方法也是固定的。你要敞開你的心，接受不同的敘事，了解更全面的觀點，不把過去的創傷與今日的爭執混在一起。你要處理的是今日發生的事，不是過去的傷口。

拿出好奇心：你將需要同時好奇別人與自己的動機，並從這個新觀點或事件的版本，找出不同的解決辦法。不要一下子就跳到不好的解釋，試著把別人往好的方向想，例如：對方可能沒興趣妨礙你工作，或是沒要搶你的工作。我們感受到威脅時，更容易認定別人都是如何如何，忘記他們先前的好表現與正面特質。換位思考一下，試著從對方的角度看事情。建立足夠的共享現實與雙方的安全感後，將能出現不同的對話，這次更有建設性。

誠實以對：此外，不要忘了找出你自身的行為，有可能如何踩到別人的地雷，導致緊張的情勢升溫。如果是無意識的動機，有可能很難找出答案。我會問一個通常令人坐立難安的問題：「你明知這麼做會惹惱同事，讓彼此的關係更緊張，為什麼還是一直做這種事？」答案通常藏在我們的潛意識裡，但我們拒絕留意。

你雖然感到自己不喜歡衝突，你有可能無意間發洩過去的敵意。那種「熟悉的感覺」有如溫暖舒適的羽絨被，但不要屈服。你必須停止責備他人，抗拒替自己的行為找理由的衝動，才能找出內情。怪別人或許會讓你的自尊獲得滿足，但這條路走不遠。

我還記得找我諮詢的A告訴我，自己和合夥人的關係長期緊張。A吝於讚美合夥人，因為他知道那是對方最想聽到的話，但A最終扭轉敘事，從「我的合夥人對我不公平」，改成「我碰觸到他的痛處」，肯定合夥人的工作做得很好。光是因為A的思考與行為出現這樣的轉變，兩人的關係就出現改善，公司回歸正軌。

客觀以對：如果別人批評你的工作，試著不要當成是在評論你這個人。對方八成真的是在回應你的績效、工作習慣，或是評論某個特定的工作環節——人家不是在講**你**這個人。盡量以客觀的方式評估他人的評論，如果你認為有道理，那就想辦法改善。當然，有時主要是對方的錯，但你要承認自己也有錯，即便你只占問題的百分之十也一樣。這是化解多數爭執的起點。

不論是因為被批評而想要改，或是你試著化解紛爭，一旦改變自身行為後，觀察一下結果。如果出現正面的改變，你的自信會提升，八成能改善與對方的關係。不要低估別人對你改變立場的感激程度。這種事不但可以促進同理心，還能展現你的勇氣與品格的力量。職場上永遠會有各種奇奇怪怪的人，以及引發爭議的議題，愈早學會處理的方法，你的職涯前景也會愈美好。

6 疑神疑鬼、嫉妒與不理性衝突的種子

你要雇用聰明人，但不要太聰明，以免搶了你的風頭。老實講，我喜歡出色的人——但不能太出色。」——某英國重要執行長

許多文章都會探討工作地點發生的衝突，但可惜太多都假設人永遠是理性的動物，願意面對困難的議題，找到和解的辦法。如果是心理較為成熟的人士，相關方法會有用，然而職場上許多不理性、極端或長期存在的衝突，需要另闢蹊徑。

有的人無法控制情緒，或是發洩潛意識裡未解決的衝突，他們的特徵包括一次又一次說謊、扯後腿、隱瞞資訊或散布惡毒謠言等異常行為。如果此類行為看似無法解釋，通常與隱藏的動機有關，無法追溯引發衝突的源頭。此類不理性行為的背後，偏執

(paranoia，又譯為「妄想」)、憤怒與嫉妒是常見的罪魁禍首。雖然只要是人，不免有這樣的情緒，不一定有害，工作上的極端版本，有可能引發無可避免的衝突，造成大到無法計算的傷害。

本章將試著分析較為極端的不理性對立，區分理性與不理性的版本，接著建議處理辦法。首先一定要記住一點：理性與不理性之間，沒有明顯的界限，頂多只能評估程度的多寡，沒有絕對的定義！此外，管理者不必是心理分析師或精神科醫師，但還是要有能力判斷哪些衝突可以解決，哪些不行。碰上某些衝突時，唯一實用的處理法，就是把傷害降到最低。

疑心病重或懷有敵意，認為有人在挖牆腳，不一定是有害的心理，但如果表達這些感受的方式，是以間接的方式報復，那就會出問題。舉例來說，有的人會出現**被動攻擊**(passive-aggressive)的行為，此時未釐清的想法與感受，帶來有害的行為。如果背後的動機是無意識的，源自過去或未解決的創傷或衝突，人們有可能沒意識到自己在做什麼，說不清原因。舉例來說，怒氣有可能被壓抑，積在心裡，最後受不了才一次爆發，此時很難追溯最初的源頭與加以處理。

必須勝過別人的壓力、不安感，再加上辦公室生活引發的強烈感受，帶來滋生不理性的想法與反應的溫床。工作場所就像是一個大劇院，每個人都在表演各自獨特的家庭劇，同時努力合作取得成果。雖然看上去是外在的現實，實際上是好幾個內在的現實在角力。

在充滿壓力的緊張時刻，我們的思考會變狹隘，進入防衛的心理，認為是別人的錯，與我們無關。我們認定被攻擊時，感到為了自保而回擊是應該的，不會試著弄清楚事情的原委。然而，我們真正需要做的，就是弄清楚發生了什麼事，化解紛爭，讓原本會玉石俱焚的衝突更具建設性。

捲入紛爭時，一定得面對自己的內心世界，試著理解自己與對方為什麼會出現不理性的行為。成熟到足以管理情緒的人士，更有辦法意識到不理性的念頭，不衝動行事，有能力分析與處理自己失真的想法，進而改善表現，職涯得以出現進展。此外，我們甚至必須判斷是否值得花力氣解決衝突，不過這點稍後再談。

接下來先從嫉妒說起——嫉妒是常見的不理性思考，在工作衝突中扮演的角色比想像中大很多。

嫉妒是人們最羞於啟齒的感受，連帶也因為被藏起來而很難處理。嫉妒會破壞關係與組織的營運面向，不過嫉妒者本身也會受害。舉例來說，看見自己嫉妒的同事失敗，一開始會興奮，但接著會出現「我怎麼這麼小心眼」的罪惡感。某成功的電影製作人提供了這方面的自省例子。他向我談到嫉妒別人的成功是如何影響了他，場景是大家都很熟悉的好萊塢奧斯卡頒獎典禮。

「奧斯卡獎是**嫉妒**的好例子。頒獎的時候，鏡頭會切到沒得獎的人身上，畫面永遠是他們替別人的成功高興，但這些人絕對是在說謊。**有的人**的確會開心別人成功，但那種人是稀有動物。」那位製作人接著說：「當你看到別人發行電影，你希望那部片會失敗，那是很糟的感覺。你覺得自己很小人，心底深處知道那種想法是不對的，別人失敗又不會讓你成功，但那種現象很普遍。別人被影評講得一文不值時，你會幸災樂禍——我猜這可以保護你脆弱的心靈，至少你不是唯一被毒舌的對象。」

「起初你會一陣竊喜，但接著就討厭自己。一開始你想要攻擊別人，結果變成攻擊自己。你沮喪自己怎麼變成這種人，也因此就算你成功了，也沒那麼快樂，因為這個過程已經被**嫉妒**汙染。」

我們最早的嫉妒體驗，源自在人生早期的童年時代感到不安，覺得自己得到的比較少，引發手足間的競爭。接下來，那種感覺被成年時期的嫉妒取代，帶到職場上。不安再加上與同事競爭，有可能重新引發童年的情緒，愈演愈烈，直至失控。我們長大與成熟後，手足之爭將獲得解決，也或者會升級成憎恨與憤怒的感受。HBO的電視影集《繼承之戰》(*Succession*) 提供引人入勝的例子，從多個面向呈現兄弟姊妹之間的惡鬥。故事裡的父親是冷酷自戀的暴君，掌控著一間媒體帝國。幾名子女在公司裡爭權奪利，希望最終能爬上公司最高的位子。然而，在他們的內心深處，其實是想獲得父親的喜愛與讚賞。為了成為父親欽點的繼承者，每個人使出各種手段，想辦法勝出。在此同時，他們講其他手足的壞話，不讓別人有機會成為繼承者。每個人相互扯後腿，除了是因為渴望權力，也是因為氣憤彼此的作為。

嫉妒不一定都會帶來破壞——如果是較為良性的版本，你知道自己在嫉妒，嫉妒其實可以促使我們變優秀，希望有朝一日也能和對方一樣。舉例來說，商學院的學生經常因為這樣的動機，努力贏過別人，或是有志於競爭主管職。然而，意識到自己在嫉妒時，嫉妒是可控的，有機會轉換成良性的競爭，但如果被藏進潛意識，無法檢視自己是怎麼一回事，嫉妒大半會變得危險，具有破壞性，化為怒氣與憎恨。此時嫉妒者會以惡毒或諷刺的話，攻擊擁有他們想要的東西的人。作家與喜劇演員珍妮・艾克勒（Jenny Eclair)在二〇二〇年的《衛報》(*Guardian*)訪談中談到，在一九八〇年代的英國喜劇圈，只有少數幾名表演者能搶到最好的演出機會，女性表演者感到贏家只有一個。

艾克勒表示：「我們全都在搶這扇小小的機會之窗，一旦有人通過這扇窗，窗子立刻就會緊閉。我是真心喜歡圈子裡的其他所有女性，直到她們比我有名，我開始討厭她們。老實講就是這樣。」

具有破壞性的嫉妒，不僅僅是渴望得到別人的東西或成就，還會想要毀掉對方的成就，因為看到別人成功，就好像是自己失敗。這樣的嫉妒不會讓人學習他人成功的地方，不認為別人是因為努力而成功。你貶低對方的成就，認為自己遭受不公平的對待，接著理直氣壯地認為，既然你對我不仁，那就別怪我不義。散播惡意的謠言、批評或無視於對方的點子，或是隱瞞資訊，感覺上是安全的小手段，很容易瞞過眾人。然而，也是這樣的匿名性，很難抓到嫉妒的源頭，更容易暗中為害。

從組織的角度來看，嫉妒對組織最不利的地方，在於嫉妒讓人不願意見賢思齊與合作。俄亥俄州立大學菲舍爾商學院（Fisher College of Business, Ohio State University）的管理人資教授譚雅．梅儂（Tanya Menon），研究職場上的嫉妒。梅儂的研究顯示，相較於向同公司的人學習，人們比較願意向外部人士學習新型的技術、概念或策略，就連向對手取經也沒關係。梅儂提出的解釋認為，「外部」學習較為有效的原因在於嫉妒。

「我在研究時注意到，人們通常很願意向外部的對手學習，意願遠高過向內部的對手學習。」梅儂表示：「大部分的研究都說，人們偏好內團體（in-group）的成員，也就是身分認同和自己一樣的人。然而，商業的世界卻出現相反的情形。自家人帶來的威脅遠大過外人，因為同公司的人會直接和你競爭獎金與升遷機會。別間公司的人則不會直接和你搶獎勵。」

組織與企業自然會因為這種類型的嫉妒，付出很高的代價。他們必須聘請外面的昂貴顧問與講師，無法讓自家人訓練與教育旗下的員工。梅儂研究的案例中，A公司為了取得智慧知識與人才，購併了公司B，卻造成反效果。梅儂解釋，A公司和B公司是對手的時候，大量向彼此學習，但兩家公司合併後，不再互蒙其利。

「完成購併後，外人變自己人，他們開始詆毀原先欣賞的事。這是嫉妒引人關注的地方——正是因為某件事或某個人表現傑出，人們不想向他們學習。」

嫉妒是普遍的現象，發生在工作的所有階層。人們不只會嫉妒和自己位階差不多的同事，上對下也會有嫉妒的情形。漢堡庫恩物流大學（Kühne Logistics University）的蘇珊・雷（Susan Reh）、克莉絲汀娜・卓斯特（Christian Tröster）、尼爾・凡奎貝克（Niels Van Quaquebeke）證實，組織裡位階較低但快速崛起的人，功高會震主。三人藉由行為對照實驗證明，「多年媳婦熬成婆」的上司會嫉妒職涯發展迅速的下屬。《應用心理學期刊》（*Journal of Applied Psychology*）二〇一八年刊登的研究結果指出，資深的前輩會認為，有企圖心的後輩將威脅到自己的地位。老鳥甚至會打擊他們眼中的對手，尤其是如果他們任職於競爭氣氛濃厚的公司。

凡奎貝克教授向我解釋，發生這種事的時候，組織同樣會因為嫉妒而蒙受損失：「如果你是因為工作表現非常傑出而當上主管，**過去**在公司升得很快，你對自己的能力有信心，那麼你在雇用非常傑出的人才時，不會有心理負擔。然而，如果你是一路跌跌撞撞才有今天的地位，你在找人時會更小心，絕對不想找任何有可能後來居上的人進公司，害自己原本就不穩的位子，更是岌岌可危。」

「如果你雇用B級人才，他們有可能會成為A級人才，也因此你覺得還是保險一點好：『我寧願招募C級人才，因為我可以確定他們不會趕上我。』」

也就是說，即便已經擔任最高的領導職位，也不一定就會不再嫉妒。成功的領導必須替下屬喝采，獎勵底下的人，但上司有可能出於嫉妒的心理，不願意接受部分下屬有可能比他們還成功。

英國萊斯特大學（University of Leicester）的領導與管理教授馬克·史坦（Mark Stein）表示，部屬如果能力出眾，具備領導能力，企業領袖會害怕被篡位，嫉妒因此成為「貨真價實的接班考驗」。

「如果你知道自己要退休了，你很難大方協助別人接手你的位子，大力培養接班人。」史坦表示：「你害怕他們會做得比你好。」

史坦補充解釋，老闆如果承認自己在嫉妒，其實也是在承認自己成就有限。一流的領袖不能只在個人的成就中尋求滿足感，他們必須學會替部屬的成就感到欣慰。如果你鼓勵部屬，提供他們機會，你知道是你的支持幫了他們一把，你會感到他們的成功，也是你個人成就的一部分。關鍵在於你在多少程度上參與了部屬的成績——你愈感到你們是一起辦到的，就愈能與有榮焉。這對許多領導者來講是十分困難的轉變，但唯有這麼做，才能人盡其才，獲得下屬的支持。

我們該如何處理自己的嫉妒之情？如果你能意識到自己的憤怒與不滿其實是嫉妒，而不是遭受不公平的對待，你會更能抑制攻擊的衝動，不散布你嫉妒的人的謠言。想一想自己為什麼會不舒服，不要衝動行事，你將更能專注於自己的抱負與渴望。先從試著理解自己的嫉妒源頭著手。你是否有小時候嫉妒手足的記憶？你們的關係如何受到影響？童年好友或手足是否嫉妒過你？你當時有什麼感受？

至於你目前的嫉妒，問自己對方有哪些你渴望的東西。地位？權力？還是你嫉妒他們的才華與能力？觀察他們是如何成功的，或許他們比你清楚如何替自己定位或推銷自己。我們通常沒注意到別人能有今天的地位，他們付出過哪些努力、做過哪些犧牲。

你有可能很難發現自己在嫉妒。判斷方法是如果你的感受強烈到變成憎恨或憤怒，或是你開始幻想對方會完蛋，你八成為嫉妒所苦。

弄清楚你嫉妒別人什麼，就能找出該怎麼做才能跟他們一樣。最正面的反應將是向對方學習，而不是怨天尤人，認為那是你應得的東西。別忘了當你搞破壞而不是向對方學習，你個人不會成長，只讓每個人都淪為輸家。嫉妒過後，通常是罪惡感與自我厭惡，不要害自己陷入那種情緒。你應該讓嫉妒幫助你奮發向上，找到方向。

偏執和嫉妒一樣，光譜很長，一頭是健康與適應，接著不理性的程度漸增，最後到達病態的極端。健康的偏執（也可以說是懷疑）通常來自符合實際情形的觀察與經驗，但也可能來自過往創傷經驗的適應性反應。病態的偏執則遠離現實，有可能導致危險的誤會，讓組織受到傷害。

先從正向的偏執看起。合理程度的偏執可以是工作上的資產。為了保護自己，最好要有一定程度的懷疑。舉例來說，即便你在某個情境能信任這個人，換到下一個情境後，或許就不能信任了。職場上的假設是你應該信任不是很熟的同事。當沒有證據能證明這個人值得信任，最理想的作法是只追求友好相處，彼此尊重。

健康程度的偏執對組織與企業有利。已逝的前英特爾（Intel）執行長葛洛夫（Andrew Grove）在《唯偏執狂得以倖存》(*Only the Paranoid Survive*，譯注：中文譯名為《十倍速時代》）一書中，解釋了偏執狂的優勢。他們的天線持續留意公司面臨的潛在威脅。威脅可能來自競爭者、監管單位、科技變遷、顛覆者，或是消費者潮流出現變化。其他人沒注意到，但偏執狂注意到了。此外，偏執狂擁有他人缺乏的勇氣，勇於舉報工作地點的可疑或違法行為。

凡奎貝克教授同樣也談到，偏執能帶給個人好處。除了剛才提到的嫉妒，凡奎貝克教授也密切研究偏執，他認為從功能層級來看，偏執這項特質有助於人們升上管理職。偏執狂隨時留意潛在的威脅與陷阱，對於社會情境與互動高度敏感，也因此更能適應工作環境中複雜的社會關係競技場，如魚得水。他們很快就摸透管理的規範與價值觀，永遠掃視著環境中的威脅，即時避免或對抗危險。此外，他們會加入其他人的作法，以避免被攻擊。他們把這個世界劃分為忠誠的同仁或敵人，進而形成聯盟（即便是脆弱的聯盟）。舉例來說，他們會透過支持專案，先發制人，確保別人不會與他們為敵。凡奎貝克教授以自己任職的學界為例，某位學者會把沒參與研究的研究同仁，也放進參考書目，以確保那些人不會批評他的研究。偏執狂具備以上所有的特質，而且高度關注葛洛夫所談的企業會面臨的風險，因此是實力強勁的領導候選人。

接下來的例子說明了持續高度警戒／輕微程度的偏執，有可能是在回應早期的創傷經驗。此外，從這個例子也能看出，偏執有可能以什麼樣的方式協助或妨礙職涯與職業發展。

三十八歲的羅伯特（Robert）在投資銀行工作，事業順風順水。他雖然生性內向，廣獲同事的喜愛與敬重。我們在他的倫敦辦公室見面，我感到他人很文靜，但彬彬有禮，一下子就讓我喜歡他這個人。羅伯特從事的是金融業，但他的思考模式比較像哲學家——他這個人會想很多事，希望進一步理解人生。

羅伯特看似一切都很好，但因為他不願意「成為人們關注的焦點」，阻礙他發揮全部的潛能。羅伯特對升遷的同仁沒好話，但自己又不願意升官。他認為要是擔任更高的職位，同事會認為他是「踩著別人往上爬的小人」。羅伯特把自己的看法投射到他人身上，認為要是自己升職，別人就會對他大加撻伐，就跟他嚴厲批評別人一樣。

羅伯特隨時留意風吹草動，謹慎的天性使他成為成功的分析師，也與團隊配合得很好，但銀行鼓勵他擔任領導職的時候，問題暴露出來。羅伯特解釋：「說話高度謹慎是好事。對我來講，這就像是拉著手剎車開車——大概比較安全，不過你前進的速度也會因此非常緩慢。到了某個時間點，等你的工作穩了，你應該稍微放鬆戒備，但此時**戒備心強**會成為障礙。」

「有時你害怕自己在害怕。如果我不表現出超級有自信的樣子，那看起來會像什麼樣？客戶會不會想，這個人到底知不知道自己在幹什麼？這成為惡性循環。我比較怕看起來像在害怕，勝過害怕本身，因為後者風險不高。」

羅伯特害怕成為領導者，也擔心被當成軟弱的人，這點與他和父親的關係有關。羅伯特的父親性格強勢，討厭成功人士，批評那些人「趨炎附勢」，小人得志。此外，在羅伯特的童年時期，父親永遠擺出冷嘲熱諷的面孔，羅伯特因此很怕父親不高興，但他也不確定到底為什麼父親會暴跳如雷，身為兒子的他唯一能做的事，就是皮隨時繃得很緊。

「父親沒吼過我，他比較像是天威難測型的人。你做了某件事，你永遠不知道是什麼，然後他就會火山爆發。我父親非常『男子漢』——如果你是真正的男人，你永遠不能懦弱或不安。」

「你永遠不能太靠近他——我不能反對他，因為那很危險。我必須表現得像是他是全世界最重要的人，因為我父親一定要是家裡的天。我不曾感到自己真正成年了。我三十八歲了，但有時我感到像個孩子。」

父親的性格帶來成年的羅伯特的內在衝突。羅伯特躍躍欲試，想讓職涯有進展，但又害怕父親對成功人士的嚴厲批判。羅伯特的害怕，壓過他想在公司制度裡往上爬的抱負。然而，他也很糾結，擔心在別人眼中看起來很軟弱——他如果不拿出「男人」的樣子，同樣也會惹惱父親。

羅伯特因此在工作時，重現和家中一樣的階級制度。他讓別人領導，以免別人報復他搶了他們的位子。不知不覺間，羅伯特將他對於父親怒氣的恐懼轉移到了銀行的權威人士身上。羅伯特遲遲不敢升遷，因為他預期自己會成為眾矢之的，人們會說他是無恥的小人，「一心想往上爬」。羅伯特的偏執想法不只害自己無法升遷，也影響到他在工作上的關係——他永遠在戒備，不讓同事靠近，獨善其身，有時會感到孤單。羅伯特也清楚自己過度緊張兮兮，胡思亂想，耗去太多精力，長期下來會撐不住。

「我有遠大的抱負，試著要做好，但又有道德潔癖，而這兩件事不相容。這樣的矛盾是我人生故事的主軸——你想出人頭地，但也想符合高到不切實際的期待。」

羅伯特和我一起檢視他的問題，明白自己是在回應內在的衝突，而不是外在的衝突。羅伯特發現自己的焦慮源頭是父親後，停止在職場上複製家庭關係，區分過去與現在，得以更放鬆、更自信，冒更多險，釋放心智空間，可以考慮自己的職業生活在未來要如何發展。

羅伯特的例子說明了一定程度的戒備，對個人或組織來講都是健康的，但如果走到了極端，當我們的思考與回應方式被想像支配，而不是處理真正發生的事，就可能墜入不理性的思維。所有人都可能脫離現實，被自己對於事情的詮釋牽著鼻子走，但在有強烈偏執傾向的人眼中，不被認可、潛在的威脅與背叛無所不在。他們的恐懼讓他們通常會誤判情勢與他人的意圖，因而產生衝突。

重度的偏執狂自認在工作上受到傷害或被剝削，因此反擊與責怪他人，進而引發衝突。此外，同事被惹惱後，只會讓偏執狂的幻想獲得證實，別人的確對他們不公平。雪上加霜的是，偏執狂不會輕易放下嫌隙，於是和解的可能性又更低了。向偏執狂釋出善意可能會有反效果，即便是和善的舉動或表態支持，有可能被當成不懷好意，別有居心。此外，偏執狂讓同事受不了的地方，還包括他們永遠需要被安撫，他們的心中有演不完的戲。同事通常會感到厭煩或沮喪，不想理會他們——他們的恐懼再度變成自我應驗的預言。

偏執狂的主要防衛機制是**「分裂」**，把世界分成只有朋友或敵人兩種人。這種死板的思考造成他們不可能改變觀點。如果你被偏執狂懷疑，最好的回應方式就是堅守實際發生的事，抑制所有的衝動，不要上鉤。以直接但堅定、實事求是的語氣說話，不讓情緒溫度升高。偏執狂會接收到你的語氣，而不是你實際說了什麼。小心不要真的變成他們想像中懷有敵意的人。你要了解邏輯與理智不一定管用，接受偏執狂對你的真心相待理解有限。

偏執狂通常會躲進完美主義。他們害怕丟臉，花很大的力氣避免犯錯。想像中的錯誤，有可能和真實發生的錯誤一樣糟。

偏執狂偏好的另一個防衛機制是**「投射」**——他們厭惡自己的某項特質，撇清關係，認為是別人擁有那項負面特質，不是他們，而這有可能導致危險的誤解、不公平的怪罪，甚至是霸凌被錯誤指控的人。投射者會迫使被指控的受害者做出事情，證實那項負面特質確實是受害者的，不是自己的。被投射的人有可能接受他們的投射，相信自己的確不夠好。舉例來說，如果偏執的經理反覆告訴某個團隊成員，他們的某項工作做得很糟，那個成員有可能相信自己的確沒做好，開始焦慮、失去信心，接著真的就做不好。這兩種人之間的互動被稱為**「投射性認同」**(projective identification)，受害者「認同」被投射到自己身上的特質。另一種可能性則是如果被投射的對象情緒成熟，知道自己被錯誤指控，他們會拒絕被投射，此時有可能爆發衝突。

碰上不公平的投射時，保護自己的方式是：

一、意識到那是不公的指控。投射者自己才是那樣。

二、意識到對方正在試圖讓你感到自己不足。

三、堅決不接受投射，不真的跑去做對方投射在你身上的行為。

當人們把自身的恐懼與焦慮加在別人身上。「投射＋沒能抗拒投射的人」正好可以解釋，偏執等情緒是如何在組織裡傳染開來。舉例來說，如果公司業績不好，有風聲說要裁員。對自身能力感到不安的職員害怕丟工作，把自己的不安投射到別人身上。被投射的人又把這樣的不安，投射到其他同事身上，引發骨牌效應。如果領導者本身是偏執狂，他們八成會製造出偏執的文化，恐懼蔓延，再次可能導致衝突。

如果你為偏執所苦，問自己幾個問題：

- □ 你在童年的時候，是否感到可以相信身邊的人？那些人是誰？
- □ 你是否認為自己在職場上，經常得到不公平的評價？那些批評你的人是誰？
- □ 你是否認為人們常常不喜歡你？
- □ 你收到不好的回饋時，你是否感到是在說你這個人不好？對方在攻擊你？
- □ 你是否經常預期別人會有負面的反應，即便過去的經驗其實相反？
- □ 你是否容易滿腦子只想著某次被拒絕，雖然其他時候是正面的經歷，但你認為那不算數？

大部分的人都無法忍受被討厭、被踩在腳底下。我們會試圖掙脫，不斷尋求保證，或是把自己不夠好的感受投射在別人身上，但這麼做只會讓事情雪上加霜。比較理想的作法是找人幫忙，和你一起探索你擔憂的事（最好是機構以外的人），了解事情的全貌，判斷真實情況到底是什麼。

接下來是喬治（George）和上司比爾（Bill）的故事。兩人的故事涵蓋了本章提到的大部分的事。這個突出的例子顯示不足感、憤怒、偏執、嫉妒，以及相關的防衛機制全部混在一起後，危害將有多大。

喬治是四十歲出頭的威爾斯人，某跨國公司找他擔任溝通主任。喬治的上司比爾已經進入權力中樞，但缺乏高瞻遠矚的能力，無力提出策略，平日透過專注於流程與細節，以及讓身旁都是乖乖牌，隱藏這方面的不足。相較之下，喬治是經驗豐富的專業溝通人士，他是聰明的人際技能高手，有辦法判讀現場氣氛。儘管同事與客戶都喜愛與敬重喬治，但喬治屬於依賴型人格，內心有很多的不安，急於討好，很需要獲得別人的安撫。

一段時間後，事情逐漸明朗。比爾顯然嫉妒喬治討喜的性格，再加上喬治工作能力強，喬治提出創新的點子與策略計畫時，大家都很興奮，比爾相形失色，惱羞成怒，把自己的不足感投射出去，喬治成為明顯的箭靶。比爾透過投射性認同的手段，例如：交給喬治不合理的工作，接著大罵他做得不好，貶低喬治的能力，掩飾自己的無能。

喬治指出比爾一開始表現得很和善，鼓勵他慢慢適應新職位，但很快就變臉。後來因為一場國際會議，事情一發不可收拾。比爾驚慌地打電話給喬治，要他快點想出品牌策略，兩星期內就要上台報告。喬治在極度龐大的壓力下，依舊達成使命。

「這麼複雜的任務，我實在應該告訴自己，絕對不可能做到。」喬治在診療室告訴我：「我當時很恐慌，我的上司比爾根本是精神分裂症，頭幾個星期他對我非常好，接著突然變臉，狠狠下最後通牒，也因此我花了兩星期，一天工作十二小時，寫出策略交給他，還提醒這需要事先做一些深入的市場測試。」

原本的計畫是喬治先向母公司的董事會，簡報他的策略，但他請比爾提供意見時，比爾在召開董事會的前夕，驚慌失措地打給比爾，要他千萬不能簡報這個策略。

「我心想，我有兩個選擇。一個是鼓起勇氣，相信自己提出的策略是對的，向公司簡報。另一條路是照比爾說的那樣，抛出幾個權宜之計就好。我想了想，管他的，我要簡報我的策略。五分鐘內，執行長就說：『非常好，我懂了。』會後大家跑來跟我說：『你剛才講的東西很有啟發性。』我問比爾：『您覺得剛才的簡報還可以嗎？』他瘋瘋癲癲，用諷刺的語氣重複我的話：『您覺得剛才的簡報還可以嗎？』」

「我爆肝擠出高品質的簡報，結果發現比爾不懂策略的東西。他的作法是完全抓著戰略模式不放，經常把流程誤認為結果。老實講，他不是太聰明——他已經在這間組織裡工作三十年，他是公司裡的老鳥，靠著拍馬屁與兢兢業業，爬到今天的位置。如果換到別間公司上班，他連十分鐘都撐不了。」

喬治在那間公司待了十八個月，那場簡報讓一切戛然而止。喬治描述當時的情形：

「上一個星期五，我做完簡報，反應很不錯，很多人說非常精彩。接著在星期一，比爾打給我，叫我進他的辦公室，告訴我：『這樣不行。我現在給你機會，你主動辭職。不然的話，我們有辦法讓你走。』」

喬治的依賴型人格，造成他與上司的關係惡化時，他傾向於過度高估自己扮演的角色。他早該離開這份工作，卻一直撐著。喬治渴望被接納的需求，讓他忽視這間公司不適合待的事實，苦苦堅持下去，希望公司會因此善待他。

「如果有人說我某件事沒做好，我的第一反應是加倍努力，直到做對為止，因為另一種可能很可怕——我會失去這份工作。公司不愛我。」

喬治是在我這裡接受治療時，碰上這次的經歷。他先前已經告訴我，在他小時候，母親通常對他漠不關心。他必須很努力，才能得到母親的回應，讓自己感到被愛。由於母親偶爾會有展露溫情的時刻，喬治渴望再次獲得那樣的溫暖。在我們的診療時間，喬治看出他與母親的關係，和他與上司的關係有著類似之處，而且他兩個都無法放棄。喬治的依賴型人格，導致他附和比爾有害的投射。喬治明白自己是上司的投射對象與妒意攻擊的目標後，很快就重新站起來，這次被趕走，沒帶來太大的創傷。喬治能成功放下這件事的原因，在於他明白其實是比爾擁有「不理想的特質」，不是他。喬治重獲信心，有辦法到別間公司一展長才。

不論衝突是來自嫉妒、偏執或暴怒，最後通常是管理者必須出面處理源頭——或是講得再明確一點，管理者必須處理始作俑者。處理極端人士與偏執狂的訣竅如下：

- 不發怒，不升高情緒溫度。碰上無法控制情緒的人，你發怒只會讓事情升溫，不會解決問題。
- 有的人無法忍受負面評價，有機會就讚美他們。任何需要批評的地方，要以他們會感到比較能承受的方式說出來。
- 就事論事，不講任何有可能被視為人身攻擊的話。
- 確保員工擁有心理安全感，設定明確的界限——員工會密切觀察你如何處理不當的行為。
- 不要試圖讓頭腦僵化的人承認他們想法有誤，你只會陷入權力之爭。
- 把問題設定成「這是我們必須一起解決的問題」或「我覺得這好難」，而不是「你很難搞」，才能鼓勵對方合作。

有時不一定完全是當事人的錯。管理者必須捫心自問，組織文化是否助長了有毒的行為，甚至是自己的管理風格，是否無意間帶來嫉妒或偏執的環境。領導者可以透過營造透明的氣氛來改善事情。當管理者明確解釋自己是出於哪些原因而做出決定，員工比較不會憑空想像，往壞的地方亂猜。處理裁員與公司重組等爭議十足的議題時，這點尤其重要。還有別忘了，事事都過度插手管理，會讓下屬感到自己隨時被批評做得好不好，不會認為你在協助他們，而是當成威脅。

不過，這裡還要強調，不是所有的衝突都能解決。此外，如果是特別棘手的衝突，組織花大量的力氣去處理並不實際。有的員工桀驁不遜，引發不愉快與不必要的衝突，但他們能力過人，替公司做出關鍵貢獻。如果是這種情形，為了組織的整體利益著想，學著盡量管理他們是合理的妥協作法。

前文提過的蘇克維是頂尖的美國心理分析師，也是企業領袖顧問。他以生動的方式，向他輔導的管理者解釋，如果是長期存在的衝突，有可能代表著某種深藏於每個人內心深處的東西，以及它們構成的動力。

蘇克維表示：「這有可能是某種**SM施虐受虐動力**（sado-masochistic dynamic）——一方永遠試著讓另一方臣服，另一方雖然會反抗，卻持續讓自己身處險境，引發相同的支配行為。」

蘇克維指出對許多組織來講，此時的解決辦法將是從組織架構著手，而不是心理層面。理由很簡單：根本沒有時間或資源來深入研究相關的動力。碰上無法化解的衝突時，最好的處理辦法，或許是把人調到其他部門，或是在某些情況下，商量請他們離開。

「這些由來已久的衝突，結局通常是某個人離開，或至少是調職……藉由組織結構而不是完全靠心理治療來解決，因為這是系統性的問題——你不是在處理和所有人都沒有連結的單一個人。」

蘇克維補充說明：「當**管理者**採取的理性處理方式，似乎起不了作用，我最愛講的一句話是：『你的問題，在於你太理性了。』理性是好事，但如果你認為每一件事都能靠理性來處理，或是你以為人們永遠都會依循理性行事，回應理性的建議，你根本是瘋了。這種想法太不理性了！」

7 害怕起衝突

——為什麼世上沒有所謂的完美童年

史坦（Stan）找我諮商一陣子後，說出一直困擾著他的問題。史坦四十歲出頭，溫文有禮，最初來找我的原因是工作上必須做出困難的決定，他甚至焦慮到恐慌發作。史坦起初是獨立工作者，感到軟體設計的工作令人興奮又充滿意義，但自從他創辦了成功的軟體公司後，感到管理員工的壓力愈來愈大。史坦無法做出會讓員工沮喪的決定，也因此無法解決重大問題，也無從拓展公司版圖。雖然他清楚自己的問題在哪裡，也曉得公司要繼續經營下去的話，哪些事不做不行，但心中襲來的情緒，強烈到他無法做明知該做的事。

史坦在吐露實情的這一天，坐得直挺挺的，接著開始傾訴。史坦談起公司裡的人際緊張關係，原本自信的樣子消失不見，語帶脆弱：「我躺在床上，整晚都睡不著，煩惱要和安姬（Angie）談話。」

史坦在十多年前，在倫敦成立公司，後來又拓展業務，到歐陸開設辦事處。史坦決定在阿姆斯特丹設立辦事處後，找安姬當合夥人。安姬的年紀比他小一點，兩個人在公私生活認識超過十年了。史坦起初很興奮能把阿姆斯特丹的辦事處交給安姬，但安姬扛不起這個責任，在第一年沒能達成目標，公司損失很多錢。史坦因此決定裁撤那個分部，請安姬離開公司。然而，不論這個決定有多合理，史坦就是開不了口，不敢告訴安姬這件事。史坦在心中一次次練習這場對話，但想像中的場景令他恐慌，所以他一直拖著這件事。

我告訴史坦：「我猜你害怕安姬會對你發飆。害她沮喪，你會有罪惡感。」他點頭承認。

史坦的例子並不罕見。許多人有辦法處理重大危機，卻害怕要談某些尷尬的事，總覺得開不了口。我們怕有罪惡感，不願意宣布壞消息，或就是無法面對被討厭的可能性。此外，我們害怕對話有可能導致衝突，自己會當場僵住，不知該如何是好。史坦希望拖著不講，問題就會自己解決，但當然沒有這種好事，問題一直都在。拖延不只讓史坦變得更焦慮，還夜長夢多，情況日益複雜。在史坦一直開不了口的期間，安姬陷入憂鬱，這只加深了史坦的罪惡感，決定還是晚一點再提。接著問題再度變複雜：安姬宣布自己懷孕了。

史坦開始感到被欺騙。他想像安姬是為了逃避被開除，才故意懷孕——這個反應太極端，所以我感到事情沒這麼簡單，這已經不只是慣常的討厭衝突而已。史坦還擔心現在安姬懷孕了，在這種時候解僱她，他會被控告性別歧視。史坦現在準備好檢視自己的恐懼，以及他對安姬不切實際的責任感。史坦告訴我，他從小必須照顧單身的母親。母親罹患憂鬱症，每當史坦說了任何母親不愛聽的話，母親通常會對他發火。史坦因此從小就深信，坦白說出不好聽的話不會解決問題，只會惹上更多的麻煩。

「或許你下意識恐懼，安姬也會以同樣的方式對你發火。」我說：「你逃避和她談解僱的事，因為你不想再次經歷童年的感受。」

史坦再度點頭承認。

在後續的診療時間，史坦有辦法面對早期的經歷，分開看他與母親的關係（過去）與工作上的事（現在）。更重要的是，史坦現在有辦法看見真正的安姬，以及公司有可能受到的傷害。史坦找到童年的連結後，終於鼓起勇氣要安姬離開。他害怕的事的確有部分成真，但不是全部。安姬的確跳腳，威脅要採取法律行動，但史坦沒有因為她生氣而產生罪惡感，或是感到必須為此負責。真要說的話，他其實感到忿忿不平。史坦擺脫了不舒服的相關情緒後，有辦法處理後續的法律訴訟與實務問題。更重要的是，他現在有辦法處理情緒了，過去被壓抑的感受不再是他的地雷。史坦最終因為解決了安姬的事，鬆了好大一口氣，事業蒸蒸日上，自信也隨之增加。

對許多人來講，工作上最會引發恐懼與害怕的事，其實是人際衝突與難開口的話。逃避這種對話會導致領導者失去團隊的敬意，威信掃地，但如果能發揮創意解決問題，事業將欣欣向榮。

史坦的經驗說明了工作上的緊張氣氛，不僅涉及大量的人際衝突，也與內在的衝突有關。史坦知道讓安姬離開，將是公司能繼續營運的關鍵，但他擔心會節外生枝。這樣的內心交戰經常是人們躊躇不前的主因，程度更勝人際衝突。

心智會以眾多的防衛機制，處理對衝突的恐懼，其中**「否認」**（拒絕承認有問題）是最危險的一個，**逃避**（avoidance）則最為常見。恐懼通常是壓過一切的情緒，妨礙思考，導致一事無成。你拖得愈久，事情通常會在你心中被放得愈大，直到想像中的情境超越真正的情境，你感到事情大到無法面對。

置之不理、不當一回事或顧左右而言他，同樣也是很有問題的作法。你滿腦子都在希望問題會自行消失，也因此一拖再拖，幻想不必採取行動，衝突就會不見。

我們目前的政治正確文化，讓迴避衝突的情形變本加厲。雖然人們因此更加謹言慎行，風險是粉飾太平，衝突被藏到更隱密的角落。注意自己的用語是實用的技能，但太過頭會模糊你想傳達的重點，或是被視為心中有愧。

在我們提倡「安全空間」(safe spaces)、「拒絕提供發言平台」(no platforming，譯注：拒絕提供危險思想發聲的機會）與取消文化（cancel culture，譯注：在網路上發起抵制行動）的世界，有一個基本概念正在興起，認為職場應該讓人免於沮喪。然而，做得太過時，這種心態會讓人無法準備好面對工作不免帶來的打擊、失望與沮喪。人們沒能建立起復原力，強化情緒肌肉，而是躲避不舒服的感受。我這裡不是在主張，不該保護人們免於霸凌、騷擾或不公平的待遇。我想說的是，強烈的感受是職業生活不可免的現實，而你愈有能力處理這種感受，你將更成功，組織的運轉也會更有效率。

很少會有人不怕衝突，就連大權在握的領導者也一樣。許多人能升遷的原因是擁有過人的技能、專長與經驗，而不是因為有很強的人際能力，有辦法處理公布壞消息或不受歡迎的決定所引發的強烈情緒。許多人一旦處於高位後，他們迴避困難的對話，逃避自身的恐懼、罪惡感與尷尬，也逃避他們預期將遭受的衝擊、傷害與敵意。職位高，不得不做的決定將變多，也會有更多人感到失望或憤怒。也難怪許多領導者會尋找掩護躲起來。然而，最優秀的高階主管會面對這樣的挑戰，部屬也是因為這樣而相信他們有領導能力。

以日常的層次來講，有的主管一想到要給部屬負面的回饋或告誡，開口前就先驚慌，煩惱到時候會發生什麼事，而拖得愈久，想像中的結果就愈恐怖。

裁員無疑是最令人痛苦的對話。某新創公司的創辦人告訴我：「我開公司不是為了毀掉人們的職涯——那絕對不是我想做的事。我感到自己在做不對的事，即便客觀上來講，在一定的界限裡，那是我的公司，由我決定誰能在那裡上班、誰不行。」

這位創辦人痛苦到他感到自己是受害者。他很想開除某位員工，那位員工能力不足，拖公司下水，但他開不了口要對方離開。

「我祈禱他不會出現在辦公室裡。我不想接近他。接著我覺得自己瘋了。這是我的公司。我想用誰就用誰——為什麼會變成這樣？我砸了那麼多錢弄了一間辦公室，然後我想躲起來？我就是這樣明白了自己需要做什麼。」

這位創辦人後來發現，最痛苦的事是閱讀他開除的人寄來的信，內容尖酸刻薄。

「我感到我必須承受那一切。我醒著的每一秒都在想著資遣費的協商。我沒料到光是要談妥這件事，就會是多痛苦的一段時期。而且在同一時間，團隊裡的其他人望著我，他們的眼神像是在說：『你是壞人，你開除我們的朋友。』接下來，我得向每一個人解釋。我哭了——現在回想起來，這大概幫了公關很大的忙，因為眼淚證明我不是怪物。」

「一直要到幾天後，我才感到鬆了一口氣。事情沒有想像中糟。我害怕了好長一段時間，而實際發生的事帶來的痛苦，不及我感受到的恐懼。少了那個人之後，公司氣氛好很多，我個人絕對是快樂很多。這是正確的決定。我要是早點這麼做就好了。下次必須再這麼做的時候，我絕對不會這麼害怕了。」

這位創業者感到鬆了一口氣，而這其實是典型的結果——許多管理者面對這樣的對話後，感到力量大增，享受做出困難決定的好處。雖然許多人自欺欺人，認為處理衝突只會火上加油，乾脆假裝沒這回事，但實際上衝突不會自己消失，通常還愈演愈烈，暗中搞破壞。員工有可能報復，散播不實的謠言、生產力低落，打擊同事的士氣。

領袖與管理者迴避棘手的對話時，他們帶來的文化將是員工有事不敢講。伊莉莎白・沃爾夫・莫里森（Elizabeth Wolfe Morrison）與法蘭西斯・J・米爾根（Frances J. Milliken）提出「組織沉默」（organisational silence）一詞，形容員工不願提出自己關切的事，因為他們擔心會被無視，或是會遭遇後果。沃爾夫・莫里森與米爾根還提到，在充滿恐懼的組織，領袖一般會逃避讓自己感到軟弱、無能或尷尬的訊息，他們的回應方式包括假裝沒看到、不當一回事，或嗤之以鼻，認為不足為信，未能受惠於團隊提供的多元意見與技能深度。

這類型的組織領袖會認為員工自私自利，不值得信任，或是單純認為管理者最懂。他們認為意見一致與共識，代表著健康的組織狀態，異議與爭議則不健康。由於員工被當成心懷不軌的搗亂者或事不關己的旁觀者，高度中央集權的決策過程會排除員工。人們因此不想和上層溝通，管理者被蒙在鼓裡。然而，創新的前提是人們必須感到可以挑戰想法，以及更重要的是公司要允許員工失敗。公司不鼓勵不同的意見與錯誤，是在扼殺公司成長所需的創造力。創意人士會感到沮喪，轉身離開，而如果一間公司被視為流動率極高的地方，這間公司將更難吸引到人才。

史蒂芬（Steven）太了解這種事，因為他本身就是在創意產業工作。史蒂芬知道員工有表達自我的需求，但創意自由有可能造成見解不同，甚至是衝突。我和他在二〇二〇年的疫情封城期間，在電話上討論這件事。

史蒂芬已經從事廣告工作超過二十五年，目前擔任分公司的總經理。史蒂芬有自信能做出困難的決定。如果是他感到擅長的議題，他甚至會據理力爭。即便如此，涉及下屬的績效和行為的對話，讓史蒂芬高度焦慮，他會聽見心臟狂跳，肌肉緊繃；那種恐懼太折磨人，史蒂芬會想盡各種辦法逃避，看是把事情交代下去、轉移話題、寫電子郵件，反正只要不必直接對話，怎樣都好。

史蒂芬是高度敏感型的人，情緒很容易受影響。敏感性格帶給他許多優勢，例如：創意十足、興趣廣泛、深入的同理心與高情商。像史蒂芬這樣的高敏感人士，如果人生早期擁有良好的家庭經歷，他們會發光發熱——但也有充滿挑戰的地方。工作上的人際緊張關係，有時讓史蒂芬感到身心與情緒上承受不了。其他人如果沮喪，史蒂芬也會跟著低落。

史蒂芬在當上主管之前，憑藉著才華、聰明的頭腦與魅力，在學校與職涯中拿出好表現。他經常是大家讚美與仰慕的對象，一切都很正向美好，有辦法藏起負面的特質。然而，當史蒂芬必須要求員工改善績效，處理因此忿忿不平的下屬，他再也無法維持他努力幫自己塑造的形象。

「有時我在想，我是不是做錯了，**不該當主管**——我是不是該和原本一樣，當個『匠人』就好，做自己百分之百喜歡的事？」史蒂芬說他經常問自己那個問題。「相較之下，當匠人不必煩惱很多事，沒有人際的壓力。」

史蒂芬聽起來很沮喪，甚至是憤怒，所以我問：「你大部分的時候都感到不耐煩嗎？」我猜他是否生氣下屬讓他感到自己是壞人。

「我的確感到**處理棘手的員工**令人心情不好、沮喪與無聊，我的整體感覺是：『為什麼不乾脆算了?為什麼你這麼在意這件事？』的確是很煩，而且占去好多時間。目前為止，這是我必須處理的最大的事。我的確認為我被拖住。如果同仁不想處理某個客戶的案子，我是經理，我絕對有權叫他們**做**。然而，如果我認為某個人工作不夠努力，找他們談績效的問題令人沮喪，我逃避談這種類型的對話。我會在談話的事前與事後，一直想著那場對話——在腦袋裡打轉。」

「可以給我一個例子嗎？」我問。

「我經常和某個績效不好的同仁談，但她完全沒改。我覺得她根本不明白，大家覺得她的表現有多差。我感到很難開口，無法**告訴她**：『你真的需要多努力一點。』我們甚至走了一遍績效審查流程，整件事太痛苦了。」

「你認為你們的對話哪裡出錯？」我問。

「我的語氣太中立、太委婉，對方接收不到我試著傳達的訊息。」

史蒂芬觀察其他主管態度比較強勢的作法，覺得效果也沒比較好，於是又回到原本的作法，替自己的風格辯護。「以前我的老主管，大家有什麼事都不告訴他，認為他會不高興，開始發脾氣。當主管當到大家不告訴你發生什麼事，那樣不好。我認為那比太和善還糟。」

史蒂芬的另一個策略是強調正面的事。「我的三百六十度報告上說：『史蒂芬想要假裝壞消息不存在。』我試著委婉地向人們點出：『你做得很好，但也得處理這個問題。』」

「你在怕什麼？」我問。

「我不想被當成壞人。雖然我其實沒必要擔心，我不認為人們會這樣覺得，但我下意識就是會擔心這種事。」

史蒂芬擔心別人會覺得他刻薄、不公平或咄咄逼人，他羞愧自己怎麼會是這樣的人。

「這種感覺的背後，」我告訴他：「是在害怕強烈的情緒，包括你自身的情緒和他們的情緒。或許可能被當成壞人的想像是痛苦的。然而，想被大家看成好人，將使你無法拿出魄力，沒辦法下困難的決定。有的決定不受歡迎。」

「沒錯，就是那樣——我不喜歡那樣。我通常會思前想後，想著要如何進行那些對話，然後假裝我是別人。我想著對方會怎麼樣。我扮成某種人。我發現我的聲音會變——低到我都認不出自己了。我平常不是那種聲音。」

我詢問史蒂芬的早期人生。史蒂芬表示他的爸媽都很關心孩子，愛孩子，努力照顧孩子，家裡沒有任何問題。他的哥哥比較好辯，常和父母吵起來，但史蒂芬很早就決定自己不喜歡吵架，所以他成為家中的和事佬。

「聽起來你在團隊裡，也扮演相同的角色。」我說：「和事佬可不會跟同事說他們表現得不好。」

史蒂芬生性十分敏感，幸好他生在關愛孩子的家庭，敏感成為他的優勢。父母整體而言強化了史蒂芬聰明、討喜與才華洋溢的一面。史蒂芬在求學與工作的所有階段，持續獲得極高的評價，發展出對自己有信心的正向看法。然而，他後來發現，這個世界不一定都會反映出他美好的一面。有人被他的評價傷到時，他的弱點暴露出來。

在鼓勵孩子的家庭，例如史蒂芬的家，孩子被大力讚美，相信自己真有那些大力的讚美說得那麼好，每一件事都那麼優秀。這是一種弄巧成拙的例子；正向教養與呵護備至的童年環境，不一定能讓人在日後的人生免於焦慮。雖然那樣的教養方式能提升自我價值感與信心，有助於日後的職涯發展，但當工作上發生衝突，他們出乎意料被打成不公平的可惡「壞人」，他們的自尊會受損。

心理分析師作家亞當．菲利普斯（Adam Phillips）指出，身為一個被捧在手心裡的兒子或女兒有好處，但不一定人生都會是坦途。

「你會自認很特殊，這個世界卻不識貨，你很強的自尊心對這個世界感到失望。」菲利普斯告訴我：「當別人看待他們的方式，不是他們看自己的方式，他們會感到憤怒。媽媽告訴他們：『你已經很完美。』——如果很完美，就不需要改進。孩子的發展因此受到妨礙，就好像世上沒有需要努力的事。你誤以為自己理應擁有一切。」

如同史蒂芬的故事，即便童年有良好的依附經驗，不一定就能一生都免於內在的衝突或焦慮。也因此這裡一定要提醒讀者，本書目前為止已經談到許多陰暗的心理、心理特質、恐懼與焦慮，與我們早期的人生有關，沒得到良好的父母照顧尤其是關鍵。然而，即便採取了最理想、最關心子女的養育方式，孩子長大後，依舊可能無法應付職場上的眾多挑戰。養孩子不容易。或許你該停止怪罪父母，盡量運用成長過程中學到的事。

心理治療師會用實用的兩個字，協助力求完美的父母減輕壓力：父母只需要**「夠好」**

(good enough)就好了。這是英國的小兒科醫師與心理分析師唐納・溫尼考特（Donald Winnicott）在一九五三年提出的概念。溫尼考特深深影響了發展心理學的領域，他建議母親只需要提供正確的環境，讓孩子得以茁壯成長。這句話的意思是母親要允許自己不完美，要支持孩子，但不必避開焦慮、生氣的時刻，好讓孩子從小學習處理生活中的現實。溫尼考特指出，父母在還能接受的範圍讓孩子失望時，反而對孩子有好處。此時必然會引發的沮喪、掃興與憤怒，可以讓孩子學著處理這些情緒，日後在人生中碰上時就知道該如何處理。

所以說，深入探索一個人的內心與早期生活的意思，不是把錯都怪到父母頭上。我的用意是鼓勵你思考，好奇事情是怎麼一回事，檢視一下自己的人生——如果有幫助的話，可以提出假設，好好想一想。如果有進一步的想法，可以抛掉原本的假設。記住，反省只是為了協助自己進一步理解，不代表事實絕對就是那樣。太抓著自己的解釋不放，將造成我們不再思考，不考慮進一步的可能性。我們的家庭與早期的人生，絕對在我們的發展中扮演著重要的角色。早期家庭生活的重要性在工作的領域被低估。然而，我們的世代史、基因、階級、文化、社經因子——以及運氣——全都會造成影響。找出我們為什麼會這樣，是一個複雜萬分的過程，有的問題永遠沒有解答。這段旅程不會抵達特定的目的地，只會協助我們了解自己。驚呼「原來是這樣！」的時刻，的確會讓我們感到訝異與振奮，但自我檢視是一生持續要做的事。

延斯．史托騰伯格（Jens Stoltenberg）先是成為母國挪威的首相，接著又擔任北大西洋公約組織（NATO）的秘書長。史托騰伯格太明白人生的道路很難講，二〇二〇年向 BBC 談到，自己五十歲出頭的妹妹因為藥物成癮離世。那場悲劇留下很多未解的問題。

史托騰伯格表示：「對我來說這永遠是個悖論，我永遠無法解釋：為什麼我家有三個小孩，大姊卡蜜拉（Camilla）最後變成醫生，今日還是挪威公共健康局的局長。我成為首相，後來還擔任 NATO 秘書長。然而，我的小妹和我在同一個房間長大，住在同一條街，朋友是一樣的，上同一所學校，而她最後藥物成癮，英年早逝。」

我早期擔任家庭治療師的時候，專門協助家人飲食失調的人士。精神科醫師通常會把他們轉介給我，接著迫不及待想知道，為什麼一個各方面都很正常的年輕女孩會選擇挨餓。然而，我通常會讓他們失望，因為我見到的家人，擁有過人的勇氣與力量，也願意負起責任。他們通常會責怪自己，認為孩子會生病，一定是因為他們當父母的沒做好的懲罰。然而，我看見不同的故事：我看見一個發生無法解釋的悲劇的家庭。沒錯，如果我挖得夠深，我可以提出讓家人與醫療團隊滿意的假設，但整體而言，我看見一個有愛也有關懷的單元。那些父母不完美，但我們沒有人是完美的。是的，還有心理成長的空間，但整體而言沒有跡象顯示，他們的孩子會病得這麼重。此外，即便家庭功能失衡，有可能是和飲食失調的家人同住的結果，而不是家庭導致了飲食失調。我大部分的時間用在減輕父母的罪惡感，但這並不恰當，作用也不大。最好的作法，其實是試著了解孩子本人嘗試解決的問題，她想透過自己的症狀與身材表達什麼。她是否試著凝聚家人，溝通她不敢用言語傳達的需求？每個家庭的情況不一樣，孩子的狀況有好多種的解釋與意義。

如果你習慣性迴避衝突，問自己以下幾個問題，判斷背後的動機：

□ 你是否擔心別人會不喜歡你，認為你是「壞人」？
□ 你是否擔心名聲會受損，或老是想著萬一事情不順利，將發生什麼事？
□ 你是否曾有說不出話或僵住的時刻？
□ 你是否害怕強烈的情緒，例如：罪惡感、憤怒與丟臉？

你有可能打好幾個勾，甚至全部打勾。現在看著你的答案，想一想你是否還有其他迴避衝突的動機。回想一下早期的家庭生活，尋找更多線索。

領導者迴避衝突時會採取幾種手法，有效避免直接處理某個議題，但最終迴避會對組織有害。資深領導者的常見作法，包括讓身旁都是唯唯諾諾的人，不太可能有不同的意見。這將造成同溫層現象，員工只講上司想聽到的話，而同溫層明顯會造成的問題，將是高層聽不見重要資訊。

管理者害怕和員工起衝突時，有可能把責任交給人資部門或教練。舉例來說，管理者會希望優秀的教練能拯救糟糕員工的績效，他們自己就不必處理這個問題，或是忠心的副手會被當成擋箭牌。某位資深主管談到老闆是如何讓他「扮黑臉」。

「我**以前**必須出面當壞人。」那位主管告訴我：「但現在我會告訴他：『不，這得由您出面。您才是銀行總裁。』」

有的跨國組織領導者會讓自己隱身，每天都在搭飛機出差，很少落地。他們害怕對話會引發風波，人老是「在天上」。他們理應管理某件事，卻想著自己被那件事害慘。這些領導者沒負起責任，展開清楚、直接的對話，慌了手腳。舉例來說，他們會想著要是績效不好的人肯好好做事，自己就不必花這個力氣面對他們。

不過，不論採取什麼樣的迴避手段，人們會完全採取消極的姿態，原因是害怕愈弄愈糟，也因此悶在心中不講，而這會造成兩種問題。第一是永遠沒去處理問題，任其惡化，一發不可收拾。第二，他們會積怨在心，直到再也受不了，莫名其妙火冒三丈，讓人更搞不懂怎麼了，場面也更加混亂。接下來，他們看到自己製造的「災情」，感到羞愧或罪惡，或兩者皆有，下定決心以後不再冒險與衝突對抗。然而，這個循環一般只會不斷重複，因為問題的根源沒獲得解決。

許多人缺乏基本的**「主張」**（assertion）能力，不知道該說什麼。有的人會講話小心翼翼，試圖「減少衝擊」。有的人講著很嚴厲的話，但語氣溫和，臉上帶著笑容，讓聽的人感到困惑，更不可能清楚接收到他們想傳達的訊息。另一種可能是把壞消息藏在正面的評語裡。他們的一連串讚美，讓人沒聽懂他們真正的意思。結局是他們傳遞混亂的訊息，聽的人一頭霧水，摸不清他們要什麼。

大部分的人不是天生就能說出想說的話，這是需要學習的技能。人們常會把提出堅定的主張與咄咄逼人混為一談，但兩者有很大的區別。咄咄逼人是指強迫別人接受你的看法，很少考慮或完全不在乎對方怎麼想。然而，當另一方感到被攻擊、不受尊重，或是沒機會回應，他們八成會封閉自己，也因此不太可能把話聽進去。更可能發生的情況是他們會回應，而且通常是消極的回擊，例如：生產力下降、默默退出，甚至是暗中搞破壞。

「主張」的訣竅是以尊重的態度溝通，留意自己的語氣和用語，而且永遠有興趣知道另一方的想法與感受。此外，提出主張的人知道無從預測對話的走向，所以會保留彈性。好消息是相關技巧很好學，遠比處理本書談到的深層心理問題容易。以下介紹的技巧，起初會感到不自然，但熟能生巧，你大概很快就能謝天謝地，對方終於聽懂了。

處理棘手對話時，以下是幾條原則與禁忌：

原則：

- 快速行動。不要等著事情自己解決。
- 做好準備——想好對話內容與可能的場景。
- 明確說出這場對話的目的。
- 保持中立的語氣。你說話的口氣，比講了什麼重要。

- 使用明確、直接的用語。
- 講重點，有必要就重複。
- 講話的內容，要和你的語氣和表情一致。
- 好奇對方的想法與感受。
- 發問。
- 說出你同意或不同意的地方。
- 讓對方有時間回應。

禁忌：

- 對於會發生什麼事，抱持太多的假設。
- 誇大問題或輕描淡寫。
- 滔滔不絕或含糊不清。
- 抱持防衛的態度，或是打斷對方的發言。
- 試著粉飾太平。
- 提到其他的問題，全部混在一起談。
- 試著用微笑，讓對話氣氛不嚴肅一點。

- **對人不對事。**

另一種逃避的手法是營造過度樂觀的文化，只重視問題要如何解決，不想聽到壞消息。樂觀很好。相較於悲觀，氣氛樂觀的組織比較可能有好表現，但樂觀也有陷阱。組織如果只想聽到正面的事，員工很難報告負面消息。某位高度焦慮的領袖，害怕聽見不同的意見與聲音，大呼：「告訴我你要怎麼解決就好，我不想聽你的問題。」員工因此感到左右為難——如果他們帶來壞消息，他們會因為自己製造問題而有罪惡感，但如果不講，問題不會解決。此外，員工會隱瞞壞消息，老闆誤以為天下太平。還有一點是這樣的文化會讓員工很難求援，畢竟如果一切都很順利，你怎麼會需要協助？

唯有樂觀有理時，樂觀的文化才會有好處。如果只是粉飾太平，忽視現實，人們會感到焦慮。管理者有責任營造良好的氣氛，讓員工能自由產出、發揮創意，不必擔心上司不願意面對的問題。然而，過分強調一切都很美好，反而會趕跑一些客戶，因為聰明人能看穿表面的事，他們知道事情沒那麼簡單。經驗豐富的生意人想聽實話；他們知道逃避令人不舒服的現實，只會導致停滯不前或惡化。

如果要說誰是辦公室的樂觀啦啦隊，愛麗絲（Alice）當之無愧。愛麗絲在三十歲出頭時，加入一間小型的媒體公司，她執行自己的工作哲學信條：營造樂觀的氣氛，讓大家能奮發向上。愛麗絲的前一份工作做得風生水起，她是辦公室裡的重要人物，平日鼓舞同事，回應挑戰，創造機會。同事被她感染時，她能獲得情緒的慰藉。愛麗絲渴望美好的同事情誼，而不是權威人士的認可。

「在我待過的絕大多數組織，我有辦法建立團結的同儕團體。大家百分之百信任我。我們一起完成一件事，我們很興奮要做，而我是帶頭的人。」

同事喜歡愛麗絲。更重要的是，營造正面向上的氣氛，能夠提振愛麗絲本人的心情。身為關係緊密的團體的核心人物，帶給愛麗絲安全感。然而，愛麗絲自己、同事與她任職的公司，全都付出了代價。愛麗絲本人雖然一直眾星拱月，但她眼中不如她聰明的人則會被無視。此外，維持高度樂觀的氣氛，讓人很難提出負面的回饋。

「如果我知道要提不好的事，我會預先擔心，心臟怦怦跳。這對我來講很困難，因為我希望氣氛應該要是正面、大步前進的。我害怕必須告知：『你其實沒達成目標。』」

然而，愛麗絲生了孩子後，由於睡眠不足，蠟燭兩頭燒，又要照顧孩子，又要適應新工作，精疲力竭，感到失落與空虛。「我覺得自己沒做好，對不起大家。」愛麗絲告訴我：「我知道自己有二十五件事還沒做，擔心自己沒發揮全部的潛能。」

愛麗絲永遠都在鼓舞別人，激勵別人，她累壞了。被壓抑的負面情緒與擔憂讓她付出代價。愛麗絲偷偷渴望能有人幫她。「你有沒有希望過身旁有大人，可以把事情交給他們？這是一間小公司，你只能自己看著辦。事情太多時，你會想：『天啊，為什麼沒有更有經驗、更懂的人來幫我？』」

我好奇愛麗絲為什麼會害怕負面的感受，源頭是什麼。

愛麗絲說出家中的故事。安全感與歸屬感帶來了眾多好處，但代價是每個人都必須跟大家一樣，不能與眾不同，也不能有強烈的感受。愛麗絲是三個孩子裡的老大，全家人的關係非常緊密，重視基督教的價值觀。愛麗絲感到有責任遵守規範。她們家自認是天選之子，嚴格的基督教信仰強化了你只能怎麼做才「正確」的觀念。愛麗絲和弟弟「輕鬆就在學校表現優異」，那成為她的家庭敘事的一部分。

「我們家是你不遵守規定就給我滾出去。」愛麗絲解釋：「此外，當我們家的人要很聰明才行。」

青少年時期的愛麗絲做出讓父母生氣的事，喝太多酒，還交男朋友。這段經歷讓她感到不被接納。愛麗絲解釋：「跟罪大惡極的犯罪比起來，抽菸這種小事，讓我出現不成比例的恐慌，我感到再也不會有人愛我。」

「我有不能表達負面情緒的義務。」愛麗絲繼續解釋：「就算你感到難過，也應該假裝高興，才能讓身邊的每一個人都高興。」

由於父母不允許家中有負面的情緒，愛麗絲做出一些有害的行為，例如靠自殘來發洩被壓抑的怒氣、悲傷與沮喪，日後則是藉由取得工作上的成就，取代有害的策略，繼續迴避無法忍受的情緒。

我問她：「你能不能多談一點你的工作和早期的家庭生活，兩者有哪些相似之處？」

「你感到你是帶頭的人，每個人都同意某件事令人興奮，全部的人一起努力達成這個目標。這種感覺，就像是在重溫令人感到非常安全的家庭文化——那絕對是個快樂的地方。」

樂觀的環境帶給愛麗絲歸屬感，她感到被接納，甚至是被愛。愛麗絲認為意見不合與爭執，將破壞她渴望的安全感。愛麗絲從前有可能因為小事，就被趕出家門，她因此有動機要在職場上，維持樂觀向上的文化。

家族企業同樣也以迴避衝突出名。我的經驗是家族企業甚至會逃避開會。他們的基本假設是一件事如果被搬上檯面，有可能引爆多年前的各種未爆彈，顯然乾脆都不要談比較好。讓目前的事業衝突和過去的家族摩擦脫鉤，不是簡單的事，也不一定會想到要這麼做。早期未解決的衝突，有可能因為公事跑出來，使我們更難做出理想的事業決定，不受感情影響。舉例來說，如果家族裡有人被視為能力不足，到外面大概很難成功，即便這個人不太符合資格或完全不適任，依舊會被安排進家族企業上班。

以公平的方式處理，而且用不起衝突但明講的方式溝通時，人們其實有辦法承受殘酷的事實。直接明講壞消息的結果，通常會讓管理者感到驚喜。大部分的人能接受事實。他們不能忍的是粉飾太平、含糊其辭，或完全迴避事實。那麼做只會引發更多的困惑與不安。

此外要記住，逃避難開口的事最終是在傷害自己。你壓抑沮喪與憤怒時，心智會把那些感受轉換成自我批評的想法。不說出自己的觀點，將使你懷疑自己的想法，減損你的批判能力與自我價值感。

有人告訴過我：「你會開始懷疑你的看法是否正確，也開始懷疑自己——你的自我意識不夠強，無法告訴自己你是對的，而這會讓你非常困惑，感到無所適從。」

「你會訝異自己這麼做，動機其實是為了獲得安全感，因為你最終會讓自己變成不安的人——遠比不被別人接受更為可怕。」

8 控制狂、霸凌者與暴君

——如何處理這種人與知道何時該逃

丹尼（Danny）的穿衣品味，完全不走時髦商務風。這位滿臉鬍子的年輕創業家打扮休閒，甚至可說是不修邊幅，向世人宣告他重視腦袋勝過外貌，腦子有料比較重要，其他隨便。此外，丹尼的講話風格是有什麼說什麼，很容易和人打成一片。在我們的診療時間，他幾乎毫不保留地吐露實情，我們的對話從不無聊。

丹尼在近十年前成立科技新創公司，一個人包辦所有的事務，公司全靠他的知識、技術與人脈。然而，隨著業務快速成長，需求增加，丹尼得找人分擔工作，但他沒料到雇人這麼麻煩。他在頭幾年會找我諮商，就是為了這方面的困擾，尤其是他明白了一件事。

「我可以全部自己一個人做，但這不是長久之計。我也可以學著把工作分出去。」

丹尼當時告訴我：「然而，把工作分出去很難，因為**一開始的時候**，我招到的都是無能之輩，一群騙子和三腳貓，只會講大話，什麼都不會。我覺得與其找人做出爛東西，然後我在那邊生氣，還不如自己來就好。」

丹尼解釋，他花了一陣子才了解，別人永遠不會和他一樣，對公司抱持熱情的信念，全心投入。

我告訴丹尼：「你擔心人們永遠無法達到你的標準——別人不會是你，而仰賴別人的結果，就是不免偶爾會失望，再度心情不好。」

丹尼認同我的描述。「我覺得很受不了，我更知道該如何做員工的工作，也因此他們做不好的時候，我很憤怒他們無法依照我想要的方式弄。員工問我問題時，我心想：『為什麼他們不能自己想辦法解決？』**我這樣**不講道理。」

接下來幾年間，我們多次進行診療，我和丹尼討論他不得不面對自己是「控制狂」。丹尼自認信任別人，其實不然。他認為靠自己就夠了，他頭腦聰明，做事專注，擁有成功所需的性格。然而，丹尼一定得收斂完美主義與過度插手的傾向，要不然公司開不下去。

「如果繼續只有我一個人做，不找人幫忙，我無法達到我替自己設的標準。」丹尼表示：「**業務**在成長，愈來愈不可能不找人手幫忙。」

此外，丹尼也想起事情相反的時刻：員工如果真的表現出色，他又會感到受威脅。幸好丹尼夠成熟，意識到自己的矛盾之處，願意改變。「原本所有的事都要靠你，突然間有優秀的員工幫忙做事。那令人不舒服，但你也清楚知道，你不是唯一獨挑大樑的人。」

丹尼是完美主義者，他擔心萬一有任何做不好的地方，事業就會完蛋。公司感覺像是他的延伸，公司犯的每一個錯誤，都是他的錯誤。然而，這種心態引發的焦慮感與緊盯細節，讓丹尼感到疲憊不堪，已經接近倦怠的程度。任何人光是像丹尼如此有雄心壯志、富有責任感，已經很吃力，丹尼還想極度控制每一件事，以至於危及到他的公司與健康。診療過程中，事情水落石出，丹尼想控制一切的原因，顯然出在他無法容忍不確定性，不信任別人，這種情形從他童年就開始了。

「我尤其擔心……事情無法預測，因為這是我從小到大的遭遇。」丹尼回想。丹尼從小試著掌控身旁的環境，因為他家的生活一團亂。母親酗酒，不斷進出勒戒所，但作用不大。父親也否認妻子的酗酒問題傷害到家庭。丹尼不相信父母能照顧好他，這兩個人甚至不肯面對母親成癮的事實，丹尼害怕會發生最糟糕的事。

「我最擔心我在工作上也會這樣，變得跟我爸媽一樣反覆無常。」丹尼說：「每個人搞不清楚如何拿出最基本的工作表現，更別說是成功。」

丹尼把心中內化的家庭經歷，轉移到員工身上。丹尼的生計要看員工的表現，他擔心員工會做不好害到他。此外，丹尼的行為是在試圖壓抑自己對父母懷有的敵意，改成在工作上對團隊出氣。我指出：「你抱怨員工的判斷力很有問題，但真正因為判斷力差而連累到你的人，其實是你的父母。」

「我想是的。」丹尼回答：「同事讓你失望，那種感覺和家人讓你失望很像。你感到理論上應該可以相信這些人，結果不行，氣死人了。這感覺不公平 —— 你付錢找這些人做事，他們卻沒做好，你感到莫名其妙。」

丹尼發現自己的完美主義，不僅來自希望掌控結果，也是想平息心中叨念個不停、不停在折磨自己的獨白。「我想要完美到不合理的程度，設定不可能的目標，接著又痛罵自己，埋怨自己不夠努力，廢物、米蟲、笨蛋，永遠是個輸家。我一旦發現自己在做什麼，幾乎一夕之間就不再這麼做。」

丹尼痛苦的原因，在於他認為可以做到什麼樣的完美程度，與人生的真實情況有落差。丹尼如果不再試圖掌控每一件事，他將得容忍隨之而來的不確定性與焦慮，接受有的員工可能不符合期待，有的員工又會比他出色。

「以前的時候，現實與期待的落差不斷累積起來，直到你感到身上有把你壓垮的千斤重擔。現在的我則是出錯就算了，讓事情過去，很快就重新站起來。」丹尼表示：「學會這些事後，你能做出更成熟的事業決定，更不會被情緒帶著走。」

「事情會如何發展，不是你能控制或預測的。疫情打亂了事情；不確定性太大，你不可能控制事情的走向。我現在學會盡人事聽天命，事情沒達到我的標準時，不再那麼沮喪。我們之間的諮商對話讓我得以打破枷鎖。我現在只有人們真的很無能，或是犯下很嚴重的錯誤，我才會生氣。現在公司感覺比較接近我從事的工作，而不是我本人的延伸，我不試圖完美。」

控制狂是丹尼等創業者常見的特質，他們不由自主地想要控制周遭的環境。許多創業者強烈感到公司代表著他們，公司就是他們，他們自然想要控制公司的每一件事。他們認為公司完全繞著他們打轉——他們的專業、才能與人脈。許多創業者擔心要是授權給員工，有可能丟客戶，業績會做不好。他們對員工缺乏信心，這種看不慣別人做事能力的態度，導致他們忍不住要插手許多細節，以至於看不見大方向。他們認為自己的作法，才是唯一行得通的作法，也因此招人的時候會找和自己相像的人，不會拓展公司的人才廣度。他們緊緊操控一切的典型藉口是「沒人能做得和我一樣好」與「人們注定讓我失望」。

許多新手管理者與創辦人即便願意授權，他們情有可原地不確定到底該給員工多少自主權與責任、程度到哪裡算合理。他們的典型模式是擺盪於兩個極端，要不就過度插手員工做事，要不就完全放任員工自主。由於今日很多人都聽說過，凡事插手的**微管理**（micromanaging）不好，主管和老闆一般會抱持樂觀的態度，一切交給員工去做就好。然而，當結果不盡理想，的確發生他們擔心的事，他們又會故態復萌，再次想要掌控。

一般認為微管理指的是各種糟糕的行為，例如：干涉別人工作、不讓別人自行思考、製造職場上不必要的緊張氣氛與焦慮等等。不過，微管理也不是完全負面，一概而論並不準確，主要得看情況，以及被管理的人怎麼看。舉例來說，如果是新進員工被分配專案，你手把手教他們，新人大概會感激你帶著他們。然而，如果換成創意產業等其他情境，這樣的指導會像是太愛指手畫腳，令人反感。如果把工作地點出現問題的原因，全推給微管理，其他起作用的因子會被忽略，例如：不愛聽令的人，有可能把意見回饋當成管太多，錯過關鍵的資訊。

羅西倪．雷文罕（Roshni Raveendhran）是維吉尼亞大學達頓商學院（Darden Graduate School of Business, University of Virginia）的助理教授。她多方研究微管理，認為最好的理解角度是員工如何看待管理者的行為，而不是一律貼上「有害」的標籤。

雷文罕解釋：「有可能同一名管理者做出同樣的行為，A認為那是微管理，理由是以他們的工作情境來講並不恰當，但B卻認為『這是很有幫助的指示』或『這能協助我做好。』」

雷文罕指出，領導者必須試著找出自家員工究竟能做到什麼、不能做到什麼，以及其他人如何看待他們提供的建議。管理者不僅該留意部屬的意見回饋與委婉暗示，還得持續誠實地談論工作現況，找出該怎麼做才最能協助到部屬。許多管理者不了解每個人有自己的做事方式，每個人看待協助的方式也不一樣。企業通常會讓新人有一段適應期，卻通常沒注意到管理者也需要時間認識新員工。

重點是領導者必須抱持好奇心，不僅想知道員工具備哪些工作經驗和技能，也要了解他們這個人，找出哪些事會讓他們有動力、感興趣與興奮。這樣的對話將讓團隊有機會拿出最好的表現。你的團隊喜歡「自由＋責任」的組合？還是說提供明確的指示與回饋，他們將能做到最好？多了解一點團隊裡的每一位成員，絕對有益無害。

你是管理者，你有責任設定合理的期待。此外，既然把工作交給這個人了，就要相信他有能力做到。給予自主權與交付責任是一個漸進的過程。在這段過程中，你要持續支持員工，確認他們的情形。一旦雙方建立信任後，就可以放手，給予許多人工作時渴望的自由與自主權。你必須提供失敗的空間，因為雙方都可能犯錯，你們要願意從錯誤中學習。比爾．蓋茲（Bill Gates）說過：「成功是糟糕的老師，因為聰明人會誤以為自己不會失敗。」

如果你深感不能信任團隊，以下是幾個或許問題出在你身上的警訊：

- □ 你看不見大方向，腦中塞滿各種細節。
- □ 你認為解決公司所有的問題，全是你一個人的責任。
- □ 你認為能成功是因為有你在，失敗也全當成自己的責任。
- □ 公司表現不佳時，你的反應是進一步加強掌控。
- □ 你感到身上有太多責任。
- □ 你的家庭關係受到影響，你無法從工作模式中關機。

- □ 你很難開口求援。
- □ 員工不再告訴你點子或他們關切的事，他們感到你這個人很難親近。
- □ 你認為別人做得不會有你好。
- □ 你以同樣的方式對待每一個人，沒意識到團隊裡每一個人是獨特的個體。
- □ 員工流動率高。

如果你發現自己符合大部分的描述，那麼你有控制方面的問題。先從檢視自己做起，留意員工如何回應你。如果你承認自己的某些行為對事業目標有害無益，那麼你有很高的機率可以改變領導方式、採取新方法。然而，如果你感到授權讓你很焦慮，你實在無法放手，此時要改變會比較難，因為背後的動機八成藏在潛意識裡。

控制狂的光譜很長，一端是有好處的特質，例如：衝勁、效率、重視細節、嚴守工作紀律。在光譜健康的那一頭，人們做事條理分明，具有高度責任感，也因此常會獲得升遷。然而，此類特質帶來的好處有極限。一旦擔任管理職後，先前讓控制狂獲得升遷的特質，將反過來讓他們缺乏領導能力。他們的完美主義與操控行為將妨礙創新與成長。此外，他們不讓部屬有自主權，人們做起事來綁手綁腳。

這樣的管理者會導致效率不彰，因為他們的完美主義傾向，意味著他們會重複確認每一件事，要花更長的時間才能完成工作。此外，他們極度重視細節，也就是說他們通常會挑員工的錯，導致員工焦慮，進而更可能犯錯。此外，嚴格照規矩來，通常將伴隨著缺乏樂趣與苦悶——剝奪了工作除了賺錢以外的價值。員工因此感到無足輕重、沮喪與憤怒，不再動腦思考，公司無從享受員工的創造力帶來的好處。此外，控制狂管理者感受到威脅時，他們的焦慮程度很容易上升，進而加強控制的力道。其他人如果試圖表達反對的意見，有不一樣的看法，通常會遭到強硬的打壓。

領導的精髓是讓他人拿出最優秀的表現，學著站到一旁，因為自己帶的團隊成功而獲得滿足感。然而，對過度掌控的管理者來講，成交帶來的興奮感，或是因為工作表現出色獲得獎勵，幾乎像毒品一樣誘人——想到要讓下屬成為獲得讚美和獎勵的人，令他們感到失落。他們缺乏自覺與欠缺人際關係能力的問題，一下子暴露出來。

在控制狂光譜的另一極端，包括僵化與不容異己的思維、操縱，有時還有霸凌。程度輕微的控制狂，還有可能傳授領導與授權的方法，但極端的控制狂則幾乎不可能改變，因為他們不太可能意識到自己有問題，更別說是尋求協助。極端的控制狂有著更深層的動機——放棄掌控會讓他們感到無助、喘不過氣，無法應付，還有可能重新想起早期的創傷。有的人其實是透過掌控來控制內心狀態，他們無法以其他方式處理強烈的情緒。他們不只害怕公司會做不下去，也害怕自己的內心世界會崩塌。

強迫／衝動性行為（obsessive/compulsive behaviour）背後的潛意識動機，通常是想要擺脫焦慮。許多新手管理者與公司創辦人，受不了新角色或新事業必然帶有不確定性。萬一公司倒了怎麼辦？萬一事情不順利，人們會怎麼評價我？我會不會被當成能力不足，甚至被討厭？有的人滿腦子都是這樣的恐懼，無法不試著操控一切。他們認為有辦法預測結果，別人就會對他們有很高的評價，確認自己被人接受，甚至是被愛。

瑪格麗特．赫弗南（Margaret Heffernan）從前擔任媒體公司的執行長，也是暢銷商業書作家，著有《大難時代》（*Wilful Blindness*）與《未知》（*Uncharted*，中文書名暫譯）等書，此外還是巴斯大學（University of Bath）的領導學教授。赫弗南談到控制狂不只是那樣而已，她告訴我：「他們想感到別人確實負起責任，掌控世上的不確定性，也因此焦慮會在階層組織中擴散。舉例來說，如果上司非常焦慮，他們將盯著下屬做事，而那些被盯的人，又會盯緊其他人不能出錯，直到形成非常焦慮的文化。你愈是試圖控制人們，人們就愈需要反抗，伸張自主權，強調自己是成人。人們會感到你強力想要掌控是在把他們當孩子。」

無法容忍不可避免的不確定性，經常會帶人走回完美主義與工作狂的老路。自我認同和工作緊緊捆綁在一起，任何不符合期待的事，全被當成個人的失敗，他們失去了身分認同——沒錯，後果就是那麼強大。然而，他們沒能明白試圖掌控事情，反而會讓自己無法如願。公司是動態的，但這些人感到改變很嚇人。只要能緊守原本的A計畫，他們沒問題。然而，一旦被迫換到B計畫，他們就會感到天要塌下來了。他們不只是不信任其他人，而是打從心底就不信任人生。他們「倚靠理智，不倚靠感覺」，而這種作法雖然能帶來效率，直覺、想像力思考與創意會被壓抑。創新需要你勇敢跳進未知的領域，願意嘗試與失敗，容忍結果，但這是控制狂力有未逮的事。

極端的控制性格有可能嚴重傷害組織，組織裡的人也會持續受到傷害。健康運轉的團隊需要各色人才，而如果領導者不允許多元的觀點，老是雇用和自己相像的人，團隊將無從獲得多元的好處。領袖的控制行為很多時候其實是在處理脆弱的自我感，減輕自身的焦慮。

赫弗南教授認為，無法容忍不確定性強化了控制狂的行為：「有的人認為，這個世界基本上已經注定好，未來是可知的，也因此握有充分資訊後，就能知曉未來，而知曉未來可以減輕他們的焦慮感。如果他們不曉得未來是什麼，代表他們愚蠢又無助。反過來講，如果知道未來是什麼，就能加以操控，掌握至高無上的力量。控制狂獲知未來的方式，就是掌握組織裡每一件小事的所有資訊。」

「不確定性的價值就這樣消失。我認為不確定的價值在於帶來可能性，以及提供人們探索可能性的時間與空間，新點子就是這樣產生的。」

大衛・塔克特（David Tuckett）教授是心理分析師，擔任倫敦大學學院（University College London）「決策不確定性研究中心」（Centre for the Study of Decision-Making Uncertainty）的主任。塔克特認為，過去不是我們最好的老師，因為未來不一定會和過去一樣。這句話的意思不是經驗無用，我們無法靠經驗做好準備，回應意想不到的事。這句話是在說，我們必須接受未來許多關鍵的事物，絕對會超出想像。

塔克特教授告訴我：「認真看待不確定性的意思，就是打從心底接受你無從確定。人們會反駁，有些事絕對能確認，的確是這樣沒錯。這通常是一種防衛反應。人們離開了舒適圈、面對無法預知的事，他們需要更加小心翼翼了解狀況。」

塔克特教授表示，回應不確定性的方法有兩種。一種是消除疑慮或嘲笑疑慮，試圖掌控事件與結果，好讓自己不會焦慮不安。另一種作法則是我們可以暫時停下腳步，試著了解發生了什麼。塔克特教授建議，處理未來的不確定性時，最理想的處理心態是抱持好奇心，願意實驗，也就是採取能帶來創新與發現的好奇法（inquisitive approach）。

塔克特教授補充說明：「新情境能引發好奇心，也就是說你會接近這個情境，想辦法了解。另一種可能性是**新情境引發焦慮**，你逃之夭夭。焦慮是訊號，告訴你發生了事情，要小心！人類擁有各種認知能力，我們其實不必逃跑，我們可以說：『等一下，我們靠近一點，看一下這是什麼東西。』」

「認知與感受相互連結，也因此唯有敞開心胸，不論會因此得知什麼，你願意承受得知後的感受，才可能試著了解某件事。由於改變發生在一瞬間，人們會以愈來愈多的防衛行為來回應，造成事情每況愈下。」

極端的控制狂會讓每個人日子難過。控制狂是惡棍與暴君，朝令夕改，人們不知所措，不曉得接下來會發生什麼事。不論是設定目標、做決定或主導對話，一切都得繞著控制狂轉，以他們為中心。達不到他們的標準，他們就讓你欲哭無淚，炒你魷魚或降職。身邊的人因此變得小心翼翼，知道自己說的話都會被記在心上，有一天成為把柄。員工永遠在揣測老闆要什麼，無法培養出自己的工作方式。

如果你需要百分之百掌控，卻又開公司，這或許是錯誤的方向，因為新創公司天生充滿著不確定性。

再次引用赫弗南教授的話：「這就像是在說，我的懼高症很嚴重，然後我要去開飛機。擔任管理職的意思是你握有人們的生殺大權，你有能力長期對他們的心理造成傷害。你身上因此有重責大任。如果你太需要掌控，把自己所有的焦慮都倒在別人身上，或許你不適合當主管。」

朋友告訴我，他替這樣的老闆工作過。那位老闆是公司創辦人，帶領著全公司。公司當初能站穩腳步，主要是靠老闆的專業能力與工作紀律。老闆坦言自己是工作狂，期待員工要和他一樣努力、一樣拼命。

我朋友是營運長，他談到替這位老闆工作令人沮喪的地方。「如果他寄信給你，他期待你會秒回。如果我**正在講其他電話**，看到他也打電話來，我必須掛掉正在講的電話，接起他的電話。如果不這麼做，他就會連續再打四、五通電話過來，嘴裡嘟囔著：『接啊，快接啊。』」

「我這位老闆會講體恤員工的話，接著做完全相反的事。他沒意識到或許員工星期日下午想陪伴家人。他會開完領導會議後說：『這星期大家辛苦了，謝謝你們付出的心血，週末好好休息。』接著下一秒又說：『泰德，我們這個星期日繼續弄完。』」

我朋友的老闆主導著討論與決策，任何事都得讓他第一個知道。此外，由於這位老闆擁有風度翩翩的一面，員工更是不知所措，伴君如伴虎。

「你必須玩他的遊戲。如果他滿意，太好了。如果不是的話，那就慘了；他會讓你懷疑人生。他就是靠這種手法讓大家做事——如果胡蘿蔔不管用，就拿鞭子抽你。大家陷入循環，今日得寵，明日失寵。」

如果員工未能達成使命，給出正確的回應，或是態度不夠端正，將得付出代價。

「你是怎麼活下來的？」我問。

「他想講話的時候，陪他講話。收到信就回。隨侍在側，一週七天二十四小時待命，使命必達，你的日子就會好過很多。」

許多這樣的人士能成功，靠的正是工作狂的習慣。他們向上管理的能力，通常勝過向下管理。由於他們端得出成績，當權者通常會對他們做的事睜一隻眼、閉一隻眼。

這種控制型的工作狂具備**強迫／衝動性性格**（obsessive/compulsive personalities）。在他們心中，工作比什麼都重要——重要性高過他們的個人生活、關係，甚至是健康與快樂。他們最終會生產力下降，很少能從工作中獲得真正的滿足感。此外，他們會變得與家人關係疏離，其他的親密關係也會瓦解，因為他們不諳協調的藝術，不明白妥協是親密關係的關鍵。他們的結婚對象要不就很好掌控，屬於順從型，要不就和他們一樣愛操控。控制狂會選擇另一個控制狂的原因，除了是對方的性格力量吸引著他們，也是因為配偶獨立的性格，意味著他們不會提出太多要求。如果控制狂願意讓另一半當家庭事務的決策者，兩個人過得下去。然而，如果控制狂試圖以對待公司同事的方式來和配偶相處，問題就大了。

工作狂領導者會把自身嚴格的工作紀律，套用在下屬身上，無法懂下屬有可能無法跑得和他們一樣快、跳得和他們一樣高。他們仰賴腎上腺素，享受最後期限與工作危機帶來的衝刺感，持續以瘋狂的步調運作。工作是他們支撐脆弱自尊的主要辦法。

工作狂的強迫／衝動性性格並不統一，其中一項特質有可能主導另一項，例如：有強迫性格的人會拖延，偏衝動型的人則衝很快。這兩種人會以相反的方式處理類似的焦慮，兩種方法都是在逃避不愉快的感受——一個靠想太多，另一個靠做太多。強迫型的人不願意行動，害怕做錯決定，渴望獲得不存在不確定性的結果。他們會花大量的時間檢視利弊，評估每一種最糟的情形，以至於沒有任何看起來還可以的選項，最後一事無成。衝動型則反過來，想也不想就行動，逃避不安的想法與無從預測的結果。

愛爾蘭劇作家蕭伯納（George Bernard Shaw）以妙語如珠出名。據說他曾經與偉大的舞蹈家鄧肯（Isadora Duncan）有過以下的對話：鄧肯告訴蕭伯納，有他聰明的頭腦，再加上她過人的美貌，他們兩個人一定能生出最優秀的孩子。蕭伯納不以為然，擔心最後孩子是自己的長相，加上鄧肯的頭腦。

這則軼事讓我想起另一位諮商客戶露西（Lucy）。露西很幸運，符合鄧肯的理想，和父親一樣聰明，和母親一樣漂亮，只可惜不只這樣。露西還繼承了父親的衝勁、完美主義與工作狂，外加母親的敏感與極度焦慮。

露西的個性溫暖包容，能夠清楚表達想法。從她精緻的服裝與髮型，看得出完美主義的性格。露西用外表來掩飾內心的不安，她遲疑的語氣透露出她缺乏自信，但你一下子就會發現她頭腦聰明，做事認真。露西在八年前創辦一間教育影片公司，事業有成，但她這輩子都是工作狂與完美主義者，很害怕放鬆掌控。雖然偶爾會試一下不確定性的水溫，接著八成就會恐慌，回到衝動性行為，想透過拼命做事來達成最佳結果。

露西其實也留意到自己的傾向，她因此能克制自己，不對員工設下過高的標準。然而，員工的表現不達標的時候，露西會親自補救，也因此員工從來沒學到該怎麼做，或是不完全清楚露西對他們的期待。露西也因此錯過了解員工能力的機會。

露西解釋：「如果你永遠都交代一項任務，接著又收回來自己做，以求達到更高的標準，那麼你不會擅長向人們解釋，他們未來應該怎麼做才對。」

露西的完美主義造成她工作過頭，但依舊達不到自己的期待。即便有了一些成就，她也不認為那有什麼。結果就是她過勞，成天忙著處理細枝末節，看不見大方向。

「我願意讓人們以自己的方式來做事，但如果是我親自做，一定得做到百分之百完美，要不然我會感到失控，而這點影響了我的自信。如果沒做到完美，我就會懷疑自己。」

露西的工作紀律透露了她最主要的管理風格，我因此問她：「你最受不了什麼事？」

「如果看到有人一副懶洋洋的樣子，我會暴怒，那比做不好或犯錯還糟糕。我的團隊裡不能有每天看時鐘等下班的人。」

露西是完美主義者加拖延症患者。完美主義與拖延通常會一起出現。露西無法替某個工作找到明顯的解決辦法時，她會驚慌，放著不動。「我腦袋一片混亂。如果我感到無法控制結果，我會害怕到連開始都不會開始。」

「工作過頭本身也是某種拖延。」露西進一步解釋：「如果我試著寫一封完美的電子郵件，我會花上一小時寫。如果換成別人，五分鐘就解決了。在一天的尾聲，我會想著：『我今天到底做完什麼？』然後你的心情會更加低落，因為完美主義者會擔心自己在一天之中完成了多少工作量。」

「你陷入完美主義與拖延的循環，很多時候是不必要地工作過頭。」我指出：「而且你永遠不會感到滿意。」

露西同意我的形容。「不論我完成了什麼，我都會吹毛求疵。就算結果很不錯，我永遠感到我痛失機會，例如：其實可以用成本更低或更快的方式做。如果結果不如預期，或是會議不順利，我就會開始想：『我是白痴，我應該要那樣做。』我感到全身不對勁，不斷質疑自己，覺得一定得想辦法彌補與修正 —— 而不是當成一次教訓就好。」

露西拼命工作，好讓自己不會得到難聽的批評，或是客戶退件，不喜歡她們公司做出來的東西。然而，這麼做會陷入兩難。

「如果你工作過度，」我指出，「你依舊會心情不好，因為你的家庭生活受到影響（露西家裡有先生和三個孩子）。即便你做得很好，你感到自己的成就不值得一提。你困在循環裡，給自己設下極高的期待，做不到就罵自己，接著又認為逃脫這個循環的唯一辦法，就是完成更多工作。」

露西點頭同意，懊惱自己陷入這種情形。我們回溯她的早期人生，發現她父親的遺傳是雙面刃。露西的父親是典型的控制狂與工作狂。這位野心勃勃的律師，把加在自己身上的嚴格標準，也套用在獨生女身上。露西沒做到父親的期待時，父親就會表現出不認同的樣子。

「在我心中，我把『不符合期待』等同於『被推開』，或是認為做得不夠好，就會得不到關注。如果我沒拿出完美的表現，我感到我這個人有問題。我真的覺得我人有問題——跟工作無關，我是一個很失敗的人。」

「我一次又一次聽到我不夠好。」露西繼續解釋。終點愈來愈遠。每一次的考驗就像是：「現在你已經能做到那樣，下次除了同樣要做到，速度要更快，或是做起來要更輕鬆。」

霸道的父親在露西心中留下情緒創傷。母親又很軟弱，無法在丈夫面前保護女兒。此外，露西十幾歲就得過癌症。

「我無法控制癌症與創傷，但我能控制工作。」露西解釋：「我在學校與工作上表現出色，只要努力就會有收穫——這是可控的。此外，也會帶來獎勵。只不過問題出在我不知道極限在哪裡。」

過度工作與完美主義讓露西能暫時不焦慮，但這種作法同樣也有極限，因為露西高度焦慮的時候，她會無法專心，拿不出最好的表現。

露西解釋：「手上沒有什麼工作是我最焦慮的時刻。工作讓我得以分神，頭腦被占據。我認為工作讓我可以停止恐慌，不會胡思亂想。」

露西有三個年紀還小的孩子，她因此不得不面對自己部分的工作習慣。「孩子讓我有正當理由可以停下工作，暫時從工作模式中切換出來，但另一方面，蠟燭兩頭燒也讓事情變得很難，我感到每一件事都做不好，而完美主義者受不了自己做不好，我分身乏術。」

我們合作一段時間後，露西回想在諮商過程中，她感到最有幫助的事：「開始意識到自己的行為，真的很有幫助。你曾經說過：『待辦清單永遠不會有完成的一天——你只不過是習慣了永遠不會完成。』我試著接受事情不完美帶來不舒服的感受，減少我的身體與家庭因此承受的壓力。」

許多人變得愛控制、什麼都要親自來的原因，在於無法仰賴他們不顧孩子、亂七八糟或虐待他們的父母或照顧者。同事在公事上沒做好，有可能引發他們童年時期壓抑的無助感、恐懼與敵意。在密切合作的工作關係中依賴人，令他們感到不安，因為這種感覺就像是他們在家中第一次體驗的依賴。

然而，雖然許多人對依賴感到不舒服，依賴是合作與授權的必要元素。依賴有時不被接受，但所有的關係或多或少都有依賴。認為一切都得靠自己既不實際，也不管用。在混亂的家庭生活中，自立自強或許是最明智的回應，但對於職場上的相處與合作沒有幫助。公司的成功必須是共享的。過分強調自己扮演的角色，是在否定他人的點子與員工的貢獻。此外，整體的經濟環境，甚至是運氣，也會影響公司的成敗。

信任同事與員工是好事，信任的確需要從實際的經驗中培養出來。信任不是絕對的，而是持續進行的過程。人是很難預測的生物——在某種情境下、某個特定的專案，你可以信任這個人，但換了一個場景後，他們有可能讓你失望。這種事會讓控制狂特別不安。許多領導者與企業創辦人向我抱怨，自己識人不明，信任錯對象，但我通常會告訴諮商的客戶，他們最需要信任的人是自己——他們要相信自己可以精確判讀情勢，曉得可以對員工抱持哪些合理的期待，以及信任被破壞時，如何重建信任。

如果你碰過控制狂老闆，你知道他們有多不好相處。有的老闆你可以提出不同的想法，有的不行。最好的辦法，就是找出老闆在擔心什麼，用你的保證與行動說服他們，你想要幫忙。控制狂老闆通常和我們一樣，也需要保證與安全感。問一問自己，你被期待做到的事是否合理。別忘了這是雙向的關係。你可以試試看以下幾句話，例如：「我為了能夠幫你，我需要知道 XXX」或「我如果要拿出最好的工作成效，我們需要以不同的方式做事。」建立一定程度的信任後，就更可能提出不同看法，獲得正面的結果。

不過，如果你面對的是惡霸與暴君，此時目標不是和解，而是生存與降低傷害。如果你在工作上已經失去信心與自我，嚴重到害怕自己不適任，你大概是把對方的不足感，當成是自己的。在這種情況下，人們會誤以為需要獲得上司的認可，才能重拾信心。這樣的關係其實是一種虐待關係。如果你的自信心已經被消磨到你相信問題出在你身上，而不是欺負人的上司，你可能很難脫離這種關係。如果是這種情形，你需要教練或治療師，找出真正的實情。一旦你能接受錯不在你，而是老闆的問題，你就能下定決心離開不健康與無解的情境。從心理層面處理這件事是關鍵，要不然你會帶著負面的心情展開下一份工作。

「事情永遠與關係有關，花時間處理關係永遠有好處。」赫弗南教授表示：「很多人在工作上渴望獲得自由，能夠自由探索與成長，做他們自己。人們渴望自由的程度，高到只要提供良好的環境，他們就會讓你驚艷。然而，如果你控制他們，他們永遠會讓你失望——因為你真正想要的是讓他們變成你，而不是做他們自己。」

如果你是忍不住要操控的主管，你必須接受其他人工作不會做得有你好，還得接受偶爾會有人比你更勝一籌。把別人喜歡你，當成最不重要的一件事——這個願望只會讓你無法做出理想的決定。你要明白，錯誤與失敗是不可免的。試著在所有的結果中看到機會。成功的時候，把功勞歸給你的團隊。失敗時，也永遠可以從中學習。

葛瑞格．霍德（Greg Hodder）是身經百戰的大企業高階主管，經驗教會他許多事。他在職涯中擔任過男裝零售商Charles Tyrwhitt與酒商樂事會（Direct Wines）的執行長，也當過威嚴葡萄酒（Majestic Wines）的董事長。霍德自認在管理上最大的進步，就是從原本的在自己的成功中獲得滿足感，變成也能從替他人的成功感到欣慰。

霍德天生具備領導能力，但也得學著分配責任與分享成功。早期的童年經歷迫使他成為一家之主。他才兩歲就沒了父親。打從有記憶以來，他就感到對家人有責任，尤其是他的母親。霍德是三個孩子中的老二，他回想母親把他當成大人對待，不當成孩子。母親從來不會反對他做什麼事，永遠讓他自行決定。由於從來沒人指揮霍德做事，他在學校經常與權威人士起衝突。霍德很快就發現他永遠無法替任何人工作。他感到做生意的樂趣就是當船長。

不過，雖然霍德戰功彪炳，他依舊需要學習授權的藝術。他起初跟從想控制的直覺，但很快就會發現這樣會讓事業無法成長。霍德認為他今日做得最好的一件事，就是引進能推動公司前進的人才。

「今日我被要求做某件事的時候，我第一個想到的是必須讓哪些事發生，接下來我會決定由誰去做。」霍德表示：「帶給我最多滿足感的事，是我曾經引進三、四位非常資深的人士，大幅改造事業。我看著他們招募自己的團隊，完全信任自己的團隊，他們也完全信任我。」

「你授權的那個人，你知道他們做到了，而且做得絕對比你親自來還好，他們還和你溝通順暢，在那個瞬間，那是管理最令人滿足的一刻。」

9 被當成完美偶像的風險

——為什麼跌落神壇總不可免

我父親佛瑞德（Fred）喜歡被愛的感覺，幸好愛他不難。他溫暖、可愛又風趣。從一件事就看得出來他無疑很需要被愛：他在中年動過多次心臟手術。醫生警告過他，醫療能做的只有那麼多，他一定得澈底改變生活型態才行。醫生建議我父親加入心臟復健計畫，其中有一項是團體治療，他就此變了一個人，不再穿西裝，改穿牛仔褲和寫著「我愛抱抱」的T恤，連汽車保險桿貼紙也改成同款的。

佛瑞德先前的人生顛沛流離，財務上更是起起落落。他生於一個猶太中產階級家庭，家裡在匈牙利的米什科爾茨（Miskolc）擁有百貨公司。二戰期間，納粹逮捕他的家人，送進奧斯威辛集中營（Auschwitz），佛瑞德的父母因此死於希特勒的「最終解決方案」（Final Solution）。集中營在一九四五年解放後，佛瑞德加入其他大屠殺的倖存者，移居巴勒斯坦，住在日益成長的猶太家園。佛瑞德在日後的以色列，認識我的母親愛麗絲（Alice），兩人結婚。我母親也是奧斯威辛集中營的倖存者。我和姊姊露絲（Ruth）都是在以色列出生。然而，佛瑞德感到養家愈來愈困難，我們於是搬到美國，口袋裡只有五十元，不會講英語。佛瑞德最初當卡車司機，還讀夜校，想當會計，但最終在洛杉磯成為有證照的房仲業者，買了一棟房子，挖了游泳池，加入猶太的中產階級生活。

雖然佛瑞德向來對孩子不感興趣，也沒耐心陪孩子，我從不懷疑他愛我，每年生日他都會寫詩給我。此外，你父親是移民有額外的好處。不論我開口要什麼，只要能讓父親相信那在美國很正常，我都能如願以償。我堅稱「美國的每一個人都有小馬。」我父親無法忍受自己不像美國人，一定要融入美國社會，買了一匹馬給我。

然而，我母親感受不到佛瑞德給的愛，也沒給佛瑞德他非常渴望的愛，佛瑞德因此把重心放在事業上。他野心勃勃加入很多開發計畫，但多半失敗，只有一次成功，在加州維克多維爾（Victorville）蓋起拖車屋園區。他用我們一家人的名字命名街道，所以當地有露絲街、愛麗絲大道、佛瑞德街和娜歐蜜大道。在通往拉斯維加斯的道路上，掛著令我們感到自豪與溫暖的路牌。

我父親做的許多糟糕決定，源自他想要受人景仰，說穿了就是他渴望被愛。種種因素加在一起，讓他很想得到愛：他從小爸爸就不喜歡他，再來又遭逢父母雙亡的悲痛、恐怖的奧斯威辛集中營，以及無愛的婚姻。不論源頭是什麼，佛瑞德抗拒不了那種渴望。他經常雇用以仰慕的眼神看著他的年輕小伙子——他的父親與妻子不曾那樣看著他。那些經驗貧乏的菜鳥，通常不值佛瑞德付出的薪水，但他們景仰他。

接下來，在一九七〇年代中期，也就是在我十幾歲的時候，我父親衣錦還鄉，回匈牙利炫耀他如今在美國是大人物。這件事讓我很憤怒，也讓我大惑不解。父親是猶太大屠殺的倖存者，怎麼會回到參與驅逐猶太人、殺害他全家的國家？當年他和家人被納粹帶走的時候，那些人沿街歡呼，他怎麼能和那種人稱兄道弟？我父親希望被人看得起的慾望，居然強烈到這種程度。

大約也是在這段期間，父親心臟病發作，必須接受四重繞道手術，醫生最後一次警告他：不改變生活型態就會死。父親於是戒菸，開始運動，用計數器在我們的游泳池旁，一天繞行一百二十圈。他回去工作後，和一群年輕性感的瑞士銀行業者搞在一起。那群人太知道如何操控想被接受與仰慕的中年男子，說服他抵押家中的房子投資房地產，但說好的大賺一筆不曾成真。投資的錢被丟進水裡，我們家的房子、游泳池、一切的一切都沒了。我的父母再度失去一切，先是被納粹奪走，再來是瑞士銀行家。此外，我父母的婚姻就此走到盡頭，我也和父親決裂。

我父母離婚後，父親住在南加州的海邊小公寓。有人提到他圓滾滾的大肚腩、濃密的白鬍子與頭髮、愛笑的眼睛與大大的笑容，讓他看起來很像聖誕老公公。別人隨口一提，我父親就給自己弄來聖誕老人的服飾，而且不只是冬天的版本，南加州根本沒有冬天。父親買了夏天的聖誕老公公裝，包括成套的短褲與衝浪板，裝備齊全後，開始從事慈善活動，參加帶給生病、無家可歸或受虐兒童歡樂的活動，享受他因此獲得的關注與喜愛。父親成為地方上的英雄，許多媒體文章介紹這位迷人的男士。父親在訪談中經常杜撰人生故事，例如省略我們住過以色列，以及他和我母親離婚了——我氣他自稱是鰥夫，甚至連家族遭遇過猶太大屠殺的歷史都省略了。任何提及他是猶太人的事，全都會破壞他的聖誕老人身分，大家的關注與喜愛也會消失。

在我二十五歲左右，我前往歐州，最後定居倫敦。距離有助修復我們的父女關係。我想起父親寫的蠢詩與溫暖的懷抱。父親到倫敦看我。這麼多年了，我們的關係頭一次好轉。然而，父親回加州後沒多久，我就接到噩耗，他再度心臟病發作，離開人世。

我相信父親扮成聖誕老人時，他終於感到被愛。他追求的事真的錯了嗎？是的，他一路上做了一些糟糕的事業決定，但最終眾人的喜愛，治癒了他心中的某塊角落。他對孩童的慈愛是真的。他扮成聖誕老人時，有辦法打開自己的心，帶給孩子開心的時刻。

「我有一個祕密。」父親有一次向我坦承：「每個人都認為我樂善好施，但其實我是為了自己。」

佛瑞德這樣的人其實不在少數。我們全都尋求愛與認可，以協助脆弱的自尊抵擋人生的打擊，增強自信，有辦法探索未知的領域，追求自身的夢想。然而，有的人想被看得起的衝動太強烈，極度看重別人表達的敬意。如同我父親的例子，這樣的人士可能是在試圖彌補自己缺少的東西，他們和父母關係不好，想遠離早期的霸凌，不再孤單，擺脫深沉的羞愧感。在這方面，工作通常成為彌補的工具，只可惜效果通常沒那麼大，流於表面，無法深入改善自尊，只讓人渴望更多。

領導者同樣也逃不過想受人敬仰的誘惑，因為帶領大型團隊需要信心，而敬意與仰慕能增強自信。一般程度的健康自戀不僅有幫助，還是登上高位、說服別人追隨他們的必要特質。然而，過度需要掌聲，將是一個巴掌拍不響——一方需要有人喝采，另一方也想要把領袖或偶像當成完美的人，這是一種雙方的看法都失真的關係。大力讚揚在上位者可以滿足我們的幻想，感到我們仰賴的對象全知全能，一切都很美好。我們接近傑出人士時，自己也會很開心，就好像感染到他們美好的光芒。我們不僅讓在上位者籠罩在光環中，也把組織、機構與意識形態看成是最美好的。然而，被捧為不可能做錯事的完人，其實是領導者與他們帶領的組織都該擔心的事。

一般情況下，仰慕領導者不是壞事。身處這種位子的人士，肩負著龐大的責任與挑戰，理應獲得敬重與支持。危險的地方在於仰慕有可能變質成過度敬畏。我們有著不理性的需求，想把比我們有權勢的人士，當成完美的人。在心理治療的領域，這種需要把領袖看成比實際上完美的現象叫**「理想化」**（idealisation）。我們會理想化比我們有權勢的人，因為那會帶來美好的感受——認定領袖永遠不會出錯，讓我們感到幸運、安全與樂觀，趕跑潛在的疑慮與失望。

對孩子來講，相信自己擁有完美的父母，父母無所不能，有著實際的作用：我們因此有信心面對無法預測的殘酷世界。在我們還小的時候，當恐懼感與無助感襲來，想像照顧我們的人無所不知讓我們感到心安。然而，隨著我們長大，現實打醒我們，我們必須承認父母不是超人，他們有缺點。我們逐漸學會仰賴自己，接受這個世界不完美。然而，即便是大人，那樣的誘惑依舊很大。我們和小時候一樣，還以為自己仰賴的人能替我們遮風避雨，尤其是在上位者。我們感到無助時，幻想他們能保護我們，讓我們百分之百安全。然而，這種令人心安的想像暗藏著危機。

維瑞斯教授向我解釋職場上的理想化潛藏的危險：「這完全是在跳著相互取暖的雙人舞——由於你整體而言感到無助，你把領袖理想化，毫不猶豫地說出領袖愛聽的事，講他們想聽的話，強化領袖的自戀，連帶也自我感覺良好。問題出在領袖接受讚美時，身旁會圍繞著騙子。有的人永遠講好話——他們告訴領袖每一件事都很完美。同溫層就這樣出現了。」

理想化能讓人心安，遠離職業生活的殘酷現實，但會讓人看不見領袖的能力極限。理想化除了會誇大領袖真心關心員工的程度，也誇大領袖能保大家安全的程度。愛慕領袖的員工堅持保護老闆時，他們會認為錯在別人：問題出在競爭對手身上，團隊不該抱怨，甚至是當成自己的錯。追隨者因為試圖獲得領袖的認可，很可能吞下自己的好點子，講領袖想聽的話。更危險的情形是追隨者無視於老闆的不當行為，替老闆找藉口。此時理想化會讓領袖做出不負責任或不道德的事。領袖面臨很大的誘惑，他們會想相信人們的讚美，甚至相信有關於自己的神話，無視於自己犯的錯。

領袖的缺點暴露出來時（這種事總有一天會發生，畢竟沒人是完美的），有可能一下子失去人心。跌落神壇的力道與形象失真的程度密不可分。當初被捧得多高，就會摔得多重。或許最可惜的結果，就是他們以前確實帶來過的貢獻，一下子被忘得一乾二淨。

兒童陪伴組織（Kids Company）做過的善行，就是這樣被一筆勾消。這個英國頂尖的慈善機構，被指控整體的財務管理有問題後，在二〇一五年成為過街老鼠。創辦人與執行長是萬眾矚目的卡蜜拉．巴特曼格利吉（Camila Batmanghelidjh），她的一切都散發著領導魅力，大家相信她說的話。不論是她喜歡和民眾待在一起的性格，或是愛穿三原色的長袍、戴頭巾的亮眼穿衣風格，再加上她替弱勢兒童服務，一切都提升了她的名人地位。巴特曼格利吉太有名望。近二十年間，不論是媒體、政治人物、慈善團體與其他的管理機構，沒有任何公眾的守門人，質疑兒童陪伴的管理方式。

兒童陪伴自一九九六年成立，一直到最後的垮台，一共收到四千兩百萬英鎊以上的政府補助，外加民間與慈善家數億英鎊的捐款。共襄盛舉的人士包括理查．布蘭森（Richard Branson）與酷玩樂團（Coldplay）等知名企業人士和搖滾明星，就連英國首相戈登．布朗（Gordon Brown）與大衛．卡麥隆（David Cameron）也是支持者。再加上民眾因為支持公益事業感到自豪，種種因素鞏固了創辦人巴特曼格利吉一呼百應的地位。

兒童陪伴的財務問題浮上檯面後，再加上性虐待的指控（警方後來查無此事），巴特曼格利吉頓時澈底跌落神壇。民眾並未做無罪推定。隨著兩名英國下議院的議員，譴責這間慈善機構管理失當，缺乏政府監督，巴特曼格利吉頓從前做過的大部分善事，一下子消失在人們的記憶裡。二〇一五年時，公共撥款委員會（public accounts committee）指出，數千萬英鎊的政府慈善補助款未得到是否妥善運用的評估。一年後，下議院的公共行政與憲法事務委員會（Commons public administration and constitutional affairs committee）指控，兒童陪伴的問題同時包括信託受託人「疏忽」，以及巴特曼格利吉頓「怠忽職守，一手遮天」。二〇二一年時，高等法院洗清巴特曼格利吉頓與兒童陪伴受託人的罪名，認為他們未如破產管理署（Official Receiver）控訴的那樣，沒能妥善管理兒童陪伴慈善機構——但為時已晚，巴特曼格利吉頓的地位已經受損。她與兒童陪伴曾經替孩子做過許多好事，但如今世人只記得一樁財務「醜聞」。

如同伊莉莎白・霍姆斯（Elizabeth Holmes）的例子，當領袖開始相信自己的神話，無視於不當行為的指控，理想化的危險程度將上升。霍姆斯是加州血液檢測新創公司 Theranos 的創辦人與執行長，據傳她在面對詐欺指控時，依舊在推廣她的公司所謂的醫學創舉。

二〇〇三年時，年僅十九歲的霍姆斯從史丹佛大學輟學創業，成為最年輕的白手起家女性億萬富翁。公司估值一度高達九十億美元。Theranos 號稱只需要一滴血，放進他們迷你的「奈米容器」(nanotainer) 裝置與分析儀，就能檢測多種疾病。霍姆斯誓言透過成本低廉又有效的血液測試，提供無數疾病的早期診斷，掀起醫學革命，改變世界。然而，《華爾街日報》指控他們的儀器有問題，許多血液樣本不是由 Theranos 的實驗室親自測試，而是交給其他公司分析。更嚴重的指控是由於血液檢測結果不完全，霍姆斯的公司等於是置病患的安全於險地。此外，《華爾街日報》還指控霍姆斯對投資人說謊，威脅員工不得將 Theranos 檢測無效的事講出去。

到了二〇一八年，霍姆斯面臨多起聯邦詐欺起訴與民事訴訟，她否認詐欺。由於新冠疫情的緣故，她的聯邦審判延至二〇二一年才開庭。

霍姆斯不僅抓住了公眾的想像力，更重要的是投資人、她的董事會與媒體也十分關注。霍姆斯這位年輕創業者富有魅力、極度自信。她處處模仿自己的偶像賈伯斯，穿同樣的黑色高領毛衣，甚至壓低講話的聲音，好讓自己聽起來更男性化。她催眠的凝視似乎會迷惑心神，就連憤世嫉俗的記者都被她的光環吸引。霍姆斯的照片和前美國總統一起出現，與柯林頓 (Bill Clinton)、歐巴馬 (Barack Obama) 比肩。投資人相信霍姆斯真的能澈底顛覆與改變醫療產業，她的董事會請到當代經驗最豐富的傑出人士，包括前國務卿季辛吉（Henry Kissinger）、喬治．舒茲（George Schultz）與詹姆士．馬提斯（James Mattis）。馬提斯日後還成為美國國防部長。難道這些董事會的成員著迷到認為霍姆斯是天才，疑似忽視警訊？舒茲的孫子在 Theranos 的實驗室工作，據傳曾經給爺爺看過公司有問題的證據，但舒茲不相信。

投資人投了七億美元給 Theranos，難道說投資人、董事會與政治人物，全都過分沉迷於霍姆斯改革醫療的承諾，無視於資訊告訴他們的事，跑去相信一個美妙故事？為什麼一堆聰明人與經驗極度豐富的投資人，把自己的名聲置於險境？

事實，顯然不只是事實，事實還會帶來感受。壞消息與複雜的事態令我們感到焦慮，樂觀的故事述說的確定性則能帶走焦慮。明確與簡單的解釋更可能被接受，因為它們帶來更美好的感受，讓我們不必處理不舒服的資訊。我們希望事情真是那樣。

把人簡化成全知全能或百分之百的惡人，類似於我們在第一章提到的「分裂」這項心理防衛機制。不論是人的性格，也或者是企業與組織，他們的長處與弱點全都很複雜，而我們想要非黑即白的解釋，不想聽複雜的事。我們希望人與組織可以替我們解決複雜的難題，這個願望很誘人，但也很危險。領袖與他們的點子，自然需要我們有一定的信心才能成功，但也必須考量實際的限制。

把領導者當成英雄來崇拜，不論他們領導的是知名企業或一般公司，崇拜讓我們免於矛盾的情緒。我們心中所有的負面情緒，例如：憤怒、敵意或甚至是憎恨，永遠不會進入這段理想化的關係。近距離一起工作，不免偶爾引發不舒服的感受，但如果為了保住老闆的崇高地位，不准人們有這樣的情緒，情緒會被內化（人們感到是自己不好），或是發洩在其他的關係上。這樣的念頭通常不會被完全壓抑，但會被塞到心中的角落，以免破壞完美的和諧關係。舉例來說，我們可能隱約感到組織不是那麼完美，但不敢細想，以免害自己不再樂觀與熱情。

我們必須是情緒成熟的人，而且得耗費心神，才能忍住對某個人的矛盾感受，意識到對方同時具備才能與弱點，既有優點也有缺點。缺乏這種能力的人士，等他們終於發現被理想化的人有缺點，他們先前極度仰慕對方的所有地方，一下子全被忘掉，太容易把人看成大好人或大壞人。此外，意識到領導者也是凡人的意思，就是我們自己將得負起更多責任，甚至是發現有問題的時候，我們將得冒著失寵的風險，站出來採取行動。你如果發現上司永遠支持你，但以不公平的方式對待其他人，這個尷尬的事實有可能讓你出現罪惡感。其他的可能性包括主管提拔你，最後卻把你的功勞全部據為己有。你必須有辦法忍受這樣的矛盾，看見一個人的真面目，並為工作做好萬全準備。

理想化和**美化**（glorification）不完全一樣。人們美化的對象包括政治人物與名人，也就是距離我們的生活很遙遠的人。理想化則通常與我們身邊的人有關，甚至是權力不如我們的人。我們有可能把同事理想化，經理有可能把下屬理想化，個人有可能把組織或使命理想化。偏愛通常就是這樣來的，因為老闆認為某個人非常優秀，很有前途。美化是有意識的，理想化則通常是無意識的，也因此更加難以察覺與處理。

你如果是領袖，你發現每個人都認同你，全都只有讚美與好話，那就要小心了。你可能有意無意間宣揚自己的理想化形象。員工怕戳破幻想，不提自己擔心的事，有問題不講出來。避免這種情形的方法是積極尋求負面的回饋與不同的看法。此外，關鍵是顯露你不足的地方，讓人看到你人性的一面，例如你提問可以讓團隊知道，你不是萬事通。「高處不勝寒」這句話是真的。一個人地位愈高，和大家的距離就會愈來愈遠，被孤立起來。讓員工有機會看見你，花時間和員工待在一起，將能減少距離感，打破你是完人的想像。透露自己脆弱的一面令人感到不安，但長期而言有好處。等你不免跌落神壇，就不會摔得太重。管理者必須特別留意的一點，就是事先避免人們把你理想化，將比收拾跌落神壇的後果容易太多。

這裡要說明的是，理想化其實有好處，可以鼓舞人心。員工如果理想化自己的老闆或他們任職的機構，他們會感到振奮，充滿活力，整體而言感到人生美好，但理想化有風險。如同維瑞斯教授在《沙發上的領導者》寫道：「許多高階主管替他們任職的組織，營造出堅不可摧的理想形象。」員工十分看重組織或公司帶來的「幻想」，感到自己「更強大、更有能力、更出色」。員工受到鼓舞，想變成自己心目中的理想形象。然而，極端認同雇主或領袖將影響人們的判斷力。過度理想化的結果是「認為組織不會犯錯」，公司集體停止從經驗中學習，因此無法改革，失敗的機率上升。如同維瑞斯教授所言：「畢竟如果不可能做錯，那就沒必要從錯誤中學習。」

羅伯特（Robert）與合夥人山姆（Sam）就是因為相信「只要我們攜手合作，什麼都辦得到」，在完美的幻象中，起初抵達成功的高點，但日後遭逢財務損失與拆夥。羅伯特是近四十歲的創業家，他和小十二歲的山姆，一起打造媒體新創公司。

羅伯特十分友善，極度有禮貌，永遠以休閒風的穿著準時過來諮商，分秒不差。他會大老遠從布里斯托（Bristol），抵達我位於倫敦的診間，感激我在他進門時奉上茶。羅伯特手中有待辦清單要跑完，總是急著展開想辦法挪出的九十分鐘諮商時間，準備好解決問題。

羅伯特最初找我諮商時，他與合夥人之間的關係，已經緊張到他們無法處理問題，也無法推動事業。羅伯特感到這像是私事，因為兩人不僅是十年的事業夥伴，也是很好的朋友。兩人交惡因此讓他感到沮喪，懷疑自己。羅伯特整體而言職涯成功，婚姻也很幸福，但他感到困惑與無望。我們的諮商目標是梳理羅伯特的事業合夥關係。這段關係不僅造成事業上的傷害，還讓他感到心痛。

羅伯特告訴我，他和山姆是在職場上認識，兩人結為好友，最後合夥做生意。我詢問他們早期的關係。「一開始，我感到這是我這輩子擁有過最美好的友誼。」羅伯特表示：「我**從來沒碰過**被自己敬重的人反過來看重與欣賞。這是這輩子第一次有人仰慕我。我不習慣聽到有人稱讚我有多好——生平第一次，我在乎的人也在乎我。在早先的那幾年，不管我做什麼都是對的。那種感覺真的很好，我感到和山姆很親密。」

兩人在早期很少會起爭執。羅伯特解釋：「如果我們看法不同，我們的爭執會有點升溫，但接著山姆就會認錯。他通常會認同我的看法，在接下來幾天感到不好意思。我們的感情似乎愈吵愈好。」

兩人在產業最熱的時刻進入市場，公司很快就異軍突起，感覺像是變魔術一樣。雖然羅伯特的確具備商業頭腦，也是因為剛好時機對了，運氣不錯。財務上的成功讓兩人昏了頭，認為自己能「征服這個世界」。

雖然山姆敬重羅伯特的程度，高過羅伯特敬重山姆，兩人彼此加油打氣。然而，被成功沖昏頭的兩人做出致命的商業決策，漫長的蜜月期終於結束。他們分頭朝不同的方向拓展事業，衝得太快，接連走錯幾步棋。羅伯特一時不察，把事業交給兩個不值得信任的人，公司因此虧損近一百五十萬英鎊。

羅伯特回想：「我們展開幾個新專案，最後一塌糊塗，不夠謹慎。幾乎不論我想做什麼，山姆都會支持我，我也因此他想做什麼，幾乎都會支持。我們太站在彼此那邊，只要有一個人認為怎麼做好，另一個人就會全力支持，而我和他又是執行長，我們拍板定案，公司裡的其他每一個人就會跟從。我們過分相信自己，也過度相信彼此。」

「最大的原因出在於我們**財務上**太順利。當身邊的人都說你很棒，你也就真的相信了，活在錯覺之中。這不是頭腦不夠聰明或經驗不足的問題，而是一時頭腦發昏，自我膨脹，還以為做得到。」

那次的財務虧損非常嚴重，但羅伯特滿腦子煩惱的都是山姆不再景仰他。「我還記得我不得不打電話給山姆，告訴他：『出問題了——我們有可能損失多少多少錢。』我們沒有出現太多爭執的場面，但想到山姆會對我失望，我非常痛苦。我告訴他：『我希望你不會對我失去信心。』然而，那次山姆沒向我保證，他絕對沒失去信心——我想他失望了。」

兩人漸行漸遠，爭執變多。不論羅伯特講什麼，山姆幾乎都會唱反調，從原本對羅伯特百分之百信任，這下子變成百分之百沒信心。羅伯特無法挽回山姆的信任，兩人不曾修復合作關係。一次的失望，就讓山姆心中大量的負面情緒跑出來，他如今用著鄙夷的眼神看著羅伯特。

我們檢視羅伯特的家族故事，探索為什麼他抗拒不了理想化。羅伯特家中有三個孩子，他是老二，父親患有思覺失調症。三個孩子裡，羅伯特負責照顧母親的健康。萬一母親因為照顧先生壓力太大而倒下，那就沒人會照顧羅伯特和他的哥哥弟弟了。羅伯特因此身負重任，等於從小就接受成為事業領袖的訓練。此外，事情還不止那樣。父親的情況太嚴重，給不了羅伯特渴望獲得的鼓勵與讚美，再加上其他的孩子與鄰居因為他父親的病，嘲笑他們一家人，羅伯特因此深深感到羞恥與丟臉。

「我在青少年時期自信心低落，主要原因是在我的成長過程中，父親生病了，我在學校又遭遇一些事。我不認為對的人給過我足夠的讚美，主要只有母親會誇我。」

羅伯特的父親因爲精神疾病而事業中斷，他下定決心不能和父親一樣，努力成就事業，不願重蹈覆轍。羅伯特決定要擁有和父親完全不同的人生。他因為從小撐起一個家，直覺就知道如何經營事業與照顧員工，在員工身上花很多心血，培養出一個忠誠的強大團隊，對公司忠心耿耿。更重要的是，羅伯特想被當成「正常人」，不想和「有病」沾上邊。任何會被視為「不正常」或和他父親一樣的事，羅伯特都會感到恐慌。事業成功讓他不會和從前一樣，一家人被當成嘲弄的對象。此外，山姆對他的仰慕，也支撐著他的自信，但山姆一下子不再景仰他，當年被羞辱與沒人愛的恐懼湧上來。

「山姆提供了你缺少的東西——有人信任你、認為你很好。」我說：「你在山姆身上找到父親給不了的東西。」

「沒錯。」羅伯特回答：「就連在學校的好友，我都感到自己是跟班，永遠不是帶頭的人。然後在家裡，我父親，我永遠知道他愛我，但可惜他無法讓你建立自信，也不是你會崇拜的人。」

羅伯特遭遇財務損失後，在接下來幾個月，公私兩方面雙管齊下，清清楚楚劃分事業，最終和山姆和平拆夥，羅伯特得以保住兩人的關係好的那一面。此外，羅伯特現在更相信自己，也更樂觀，獨自再創事業高峰。他後來能成功，無疑受惠於成功蛻變。

「我不再是從前那個害羞溫順的孩子，性格強大起來——我沒要操控誰，但我清楚自己能影響他人，努力以正面的方式運用這種能力。事情不一樣了。」

有羅伯特這種渴望被理想化的領導者，就有需要把領導者當成偶像崇拜的追隨者。在羅伯特的例子中，山姆也是因為自己的理由，對羅伯特有著絕對的信心，景仰羅伯特。山姆的依賴型性格，造成他在事業夥伴身上尋求安全感，卻沒發現不管再優秀的人都會犯錯，連羅伯特也一樣。山姆把羅伯特拱上神壇，而羅伯特不免跌下來時摔得很重。羅伯特形容：「我從滿分變五十分，不再受到敬重。」

通常是依賴型人格與缺乏安全感的人，需要領導者的力量來支持——或至少是他們想像中的力量。這樣的人經常很難下決定，對自己缺乏信心，他們需要相信比他們厲害的人可以替他們做決定，提供安全感。

在早期人生中感到不安的人，工作上的權威人士會引發他們對於安全感的渴望。此時他們心中有兩個權威人士：一個是過去讓他們失望、真實存在的權威人士，另一個是理想中能百分之百保護他們的權威人士。這樣的人強烈渴望「完美的父母」，而獲得老闆的偏愛有可能引發這種需求，促使他們表現出某種行為，目的是得到想要的回應。

艾莉莎（Elise）便是碰上這種情況。中年的艾莉莎在慈善機構工作。她經過一段時間的治療後，發現上司其實不是想像中的理想人物。艾莉莎因此檢視自己的職業生活，還探索人生的早期歲月與母女關係。

艾莉莎談到她的上司：「我把她放上神壇，我還以為她很傑出，超級聰明，在她的領域是第一把交椅。我能跟在她身旁工作非常幸運。」

在艾莉莎心中，她的經理代表著理想的母親 —— 這個人相信她愛麗莎有能力，也把她當成優秀的人看待。在兩人早期的職業關係中，上司甚至提供情感的支持，建議艾莉莎如何和男友相處。雖然經理會不公平，偶爾欺負其他員工，艾莉莎不僅感到有人保護自己，自己還是特別的。艾莉莎誤把上司的賞識，當成真心的關懷，深深觸動她對於安全感與愛的需求。然而，討上司的歡心是有條件的，艾莉莎必須隨時滿足對方的每一個要求，甚至是拋下自己的家庭。

艾莉莎解釋自己是如何被操控：「經理讓我相信，我非常聰明，而我必須超級努力工作，才配得上那個優秀人才的頭銜。我以前會讓她隨時打電話過來，白天、晚上、週末、很晚的時候。我會拋下一切，把她的事當成天底下最重要的事。我會恐慌漏接她的電話，甚至設置特別的鈴聲，一聽就知道是她打電話過來 —— 我在陪孩子準備好上床睡覺時，如果她需要我，我甚至把孩子扔在電視機前。」

艾莉莎在治療過程中發現以上提到的事情後，對上司的作法出現改變，開始說出意見，不再極力討好經理。光環效應很快就消失，艾莉莎不再隨時滿足上司的需求後，對方的反應十分激烈，緊張情勢進一步升高。先前艾莉莎能受寵，靠的是把上司理想化，但由於艾莉莎開始有自己的主張，兩人沒明說的默契被打破。艾莉莎最終丟掉工作——她被裁員。

「我不再用崇拜的目光看著經理後，我發現自己活在謊言之中。我們最後結束得很難看，因為我開始大力表達看法，我發現她沒有想像中那麼好。」

回首過往歲月，艾莉莎談到她的母親情感上很疏離，人也不在她身旁。艾莉莎才一歲，母親就離婚，成為單親媽媽。艾莉莎記得母親經常把男朋友的重要性，擺在三個年幼的孩子前面。別人一約，就把孩子丟給保姆。

「我們在家時，母親會很不耐煩，因為當單親媽媽的壓力很大。我不曾感到她照顧過我，我不曾感到安全。母親經常比我和哥哥姊姊早睡，晚上由我負責鎖大門。母親不會幫我們蓋被子，也不會確認我們平安無事。」

雖然事隔多年後，艾莉莎有辦法坐在我的診療室裡回想從前，她還小的時候，不敢去想母親在傷害她，把母親的美貌、智慧與生活型態理想化。對年幼的孩子來講，看見母親的真面目——為了自己享樂，把孩子丟到一旁——這太可怕了。艾莉莎為了阻擋那些可怕的念頭，反過來把母親想成完美的人。

在現實中，母親非常偶爾才看艾莉莎一眼。艾莉莎從小就學會要照顧母親的每一個需求，保住那少到可憐的關注。艾莉莎學到與人來往、確保不會被遺忘、不會完全孤單一人的方法，就是忽視自己，照顧別人的需求。多年後，她以相同的模式回應上司。艾莉莎指出：「我知道如何當經理想要我當的人，讓她對我感興趣。」理想化的代價雖高，也很熟悉——那是艾莉莎知道的世界。

前文提過，理想化是一支雙人舞，一方要求別人仰慕，另一方則需要仰慕別人。以艾莉莎的例子來講，把上司看得很美好，讓她免於童年帶來的無助感。此外，幻想（艾莉莎想象中的主管）與現實（真正的主管）之間的差距，也因為理想化而得以保持下去，艾莉莎因此不必面對母親造成的傷害。當艾莉莎不再把上司當成女神膜拜，她的母親同樣也跌落神壇。

不過，要不是雙方都同意，這支舞跳不起來。我關注艾莉莎需要仰慕別人的需求時，發現她的上司過度要求別人都要愛慕她，極度剝削員工，或許有**自戀型人格疾患**(narcissistic personality disorder)，不過這點下一章再談。

有一句話說：「如果事情好到不像真的，那八成真的沒這種好事。」這句話也可以套用在人身上。如果你認為老闆很完美，或是新員工讓人眼睛為之一亮，你大概掉進理想化的陷阱。

以下幾點能協助你判斷是否過度理想化，不只是一般的欣賞而已：

□ 你相信老闆無所不能。
□ 你附和老闆的看法。就算有好點子，也不提出來。
□ 讓老闆開心的重要性，超過你個人的專業成長。
□ 你需要獲得領袖認可的程度，超出在個人關係中獲得認可。
□ 你喪失自信，認為唯有獲得老闆的認可，才能重拾信心。

事先避免理想化，將比收拾後果容易。以下幾點能協助領導者明哲保身：

- 顯露脆弱的一面，不被看成無所不能。
- 如果沒聽見負面的批評，主動找出這樣的聲音。
- 偶爾求助，讓大家知道你不是萬事都有答案。
- 讓員工相信你歡迎不同的看法與觀點。
- 出現在員工面前，讓自己成為真實生活中的人。

10 替（大部分）的自戀狂說話
——我們誤解他們的地方

由於某位先生的緣故，自二〇一六年以來，「自戀狂」一詞一直出現在公眾眼前：第四十五任美國總統唐納．川普（Donald J. Trump）橫空出世後，自戀這個主題變得很出名，他的行為與性格完全符合**「自戀型人格疾患」**的描述，別名是**「惡性自戀」**（malignant narcissism）或**「病態自戀」**（pathological narcissism）。

自戀不一定是病態的。自戀是一種程度不一的性格特質。破壞力較強的極端自戀者，永遠想要掌控，他們渴望地位與讚美。這種人通常擁有很強的人格魅力，人們不自覺地受到吸引，臣服於他們腳下，直到產生矛盾與衝突，自戀狂黑暗的那一面跑出來。自戀的領袖性格反覆無常，員工迷戀他們，也恐懼他們。此外，自戀狂會搶走所有的功勞，有事則全部推給下屬。

許多心理健康專家認為，川普是極端的自戀者，不過很少人提到在他張牙舞爪的外表下，有一個感到恐懼的自我。那個自我感到渺小與受害。心理分析師貝德一篇二〇二〇年的文章，刊登於線上出版平台《媒體》(*Medium*)。該文深入分析川普的心理，檢視罪惡感與羞恥是如何長年縈繞他的心頭。川普因為有一個惡霸型的父親，從小感到無助。

貝德博士解釋：

人在任何的人生階段感到無助時，很容易責怪自己，也就是產生罪惡感，連帶還會感到羞恥。然而，由於心智持續努力迴避與減少痛苦的內在狀態，這樣的人將不惜一切擺脫相關的感受。

這個人因此會怎麼做？他會確保那些感受永遠不會出現在他**川普**的心中。如果相關感受即將跑出來，就立刻以某種方式減輕或驅逐。川普藉由否認來忽略事實（「如果扣掉數百萬舞弊的選票，我其實在二〇一六年贏得普選。」），不斷投射，把自己當成受害者，而不是加害者（「民主黨的彈劾質詢是在用私刑對付我。」）此外，他還會消毒與塑造「完美」的自我，洗刷所有殘留的羞愧感——一個乾淨到閃閃發亮、美好、全知全能的自我。

貝德博士接著指出，川普無法承認政治上的失敗，把選舉失利視為高度個人的事（他在二〇二〇年再度號稱，自己會輸掉總統選舉，其實是選舉舞弊的結果）。任何類似於失敗的事，全都會讓川普惱羞成怒。「對川普來講，輸＝輸家＝羞恥……**他太恐懼自己會是小人物，他不能是有瑕疵的無助輸家，他必須替自己塑造出截然相反的形象。**」貝德博士表示：「真相——現實——永遠不能擋住他的路。」

就這樣，主要是因為川普的緣故，也難怪自戀者近日飽受批評。當然，川普不是唯一被當成自戀狂的領導人物。蘋果的賈伯斯等企業大亨，儘管有著種種傑出成就，同樣被塑造出類似的形象。這樣的人物讓公眾開始關注自戀的議題，但民眾可能會誤以為多數的領袖與執行長，全都有自戀型人格疾患。事實上，你可能以為自戀的執行長到處都是，但派翠克．萊特（Patrick Wright）教授，曾與南卡羅來納大學達拉摩爾商學院（Darla Moore School of Business）企業接班中心（Centre for Executive Succession）的同仁，在二〇一六年做過研究，證據顯示事實並非如此。研究人員發現，調查中僅五%的執行長，明顯可歸類為自戀者，六成的執行長則在「謙遜」這一項得高分。換句話說，碰上謙卑執行長的可能性是自戀執行長的十二倍。研究結果顯示，你替自戀的執行長工作的機率，僅為二十分之一。這句話的意思不是自戀的領導者，不會對企業以及替他們工作的人帶來數不清的傷害，只是生活裡到處都有極端自戀狂的程度，沒有想像中高。

自從川普引發全球關注後，自戀一詞被濫用。只要有人出現不好的行為、自私自利，或是有幹勁、有野心，全會被當成自戀。媒體因此成天告訴我們如何辨認自戀狂、如何在自戀狂的手底下存活，以及逃出魔掌的方式。組織心理學家也研究企業被自戀狂領導後受到的傷害（或沒傷害）。我們對自戀狂感到好奇，也感到困惑。

然而，「自戀」是最受到誤解與濫用的人格類型。第一個誤解是人會「罹患」自戀，就好像自戀是某種傳染病，沒人天生就是自戀狂，即便根源有可能早在嬰兒期便出現。另一點是我們通常會責怪別人自戀，卻沒發現自己自戀。作家戈爾．維達爾（Gore Vidal）講過一句話，他把自戀者簡單定義成「長得比你好看的人」。

事實上，我們或多或少都會自戀。少了一定程度的自戀，我們不會有信心應徵挑戰性高的工作，也不會有勇氣推銷新點子，甚至不敢捍衛屬於自己的東西。換句話說，對我們的職涯進展來講，健康程度的自戀不僅有益，還很關鍵。健康的自戀讓我們相信自己，勇於追求目標，在艱困時刻撐下去。我們需要健康的自戀，才有辦法大力提出主張，挑戰他人，承擔職業風險與創新。

在自戀光譜的左端，人們不夠喜歡自己，缺乏自信，迴避風險，不擅長提出主張。

低自戀程度的人很怕意見不合，因為他們無力站出來替自己說話。他們通常是被領導的人，不會走自己的路。他們可能因此是優秀的團隊工作者，但不是能扭轉局勢或創新的人。

光譜再過去一點是健康程度的自愛或自戀。這種自戀者的信心與樂觀源自事實，還算有同理心，願意承認錯誤。他們擁有抱負與衝勁，但不會像極端的自戀狂那樣，為了一己之私，無情地折磨別人。健康的自戀者會尋求協助，也樂見他人成功。他們替自己的工作感到自豪，為自己的成就感到快樂。這些不僅僅是健康的特質，還是成功領袖的基本條件。這樣的人有時會被稱為**「生產型自戀者」**（productive narcissist），因為他們有能力完成事情。健康自戀者和惡性自戀者的區別，在於他們有能力自省，也能夠考量他人的需求與感受。雖然他們對批評很敏感，如果感到是為了他們好、對公司有利，他們能接受不是講好話的評語。

光譜上的右端是惡性自戀者。錯不了的特徵是缺乏同理心和公主／王子病。他們和健康的自戀者一樣，有抱負、有願景，但他們對自己的能力感到極度自負，自認無所不能。追求目標時，不會顧及別人的死活。他們很在意別人怎麼看他們，但除非有好處，他們沒時間也沒興趣了解別人。惡性自戀者需要無止境的仰慕，這就是為什麼他們會竭盡所能塑造完美的外表，很會講漂亮話。如果他們感到對領袖形象有好處，甚至偶爾還會展現慈愛的一面。然而，在他們充滿自信的魅力背後，隱藏著一顆脆弱的心，臉皮很薄。

自戀狂的明顯特質是不信任別人。惡性的自戀者不斷尋找敵人的蹤影，將怠慢、批評與不同的意見視作對他們自尊的威脅。他們感到恥辱或羞辱時，不會意識到負面情緒是他們內在的問題，誤認別人故意冒犯他們，憤怒回擊，有可能導致偏執。他們的心態是「不支持我的人，就是敵人」。此外，他們把人生看成零和遊戲，人只分贏家與輸家兩種。自然而然讓身旁都是他們眼中的贏家，踢走輸家。貝德博士在分析川普的心理時指出，感到像輸家將引發他們無法忍受的情緒。他們為了維持自己是贏家的看法，他們會讓別人感到像輸家，切割對方，或是把自己的「輸家」特質投射到對方身上。

有的自戀狂會誘使下屬感到自己重要與特別。這解釋了為什麼低自尊的人會被自戀狂領袖吸引。然而，這可以是力量，也可能是陷阱。偶爾被讚美帶來的強大滿足感，將促使下屬加倍努力，但下屬也可能掉進未知的複雜情境，最後功勞都是老闆的，自己什麼都沒得到。你最好快點接受殘酷的現實，愈快愈好，所有讚美的花環都會掛在自戀狂的脖子上，不會掛在你身上。

紐約某公司的執行秘書，永遠不知道他自戀的老闆會有什麼反應。「我不知道他會把我捧上天，還是罵我是世上最沒用的廢物。」這位執行秘書解釋：「替這種人工作壓力很大，一下這樣、一下那樣，你不曉得他究竟會怎樣。如果他們永遠對你很不好，你反而知道自己是在處理什麼狀況。」

「他對我有兩種模式：一種是我做得很好，證明他把我升上來是對的——這顯得他很英明。模式二是他會因為我做不好而大發雷霆。他脾氣很糟，生氣的時候會做出相當幼稚的舉動，例如隨手拿起桌上的東西亂摔。」

不過，這位執行秘書知道執行長有過人的才華，例如極度聰明，有辦法解決非常棘手的事。「他的自戀有正面的地方——他極度有生產力，效率很高，事情到他手裡都能解決。我必須說他工作上無人能出其右。我很不想承認，但他很優秀。」

「他喜歡親切地與傑出人士和名人交談。在那樣的場合，他是非常好的聆聽者。重要人士說的話，他會當成聖經，銘記在心。他非常重視地位，他知道誰是舉足輕重的人。如果是重要人士，他會對他們非常好。那些人失勢時，他也樂於落井下石。」

「由於他非常聰明，他知道什麼時候風向變了，也知道自己何時做得太過火。他通常會欺負女人，也欺負權勢或地位不如他的人。很多人被他撕成碎片。他無情地欺負過他辦公室裡的女性，也不是打人，也沒毛手毛腳，也不是騷擾——反正就是很可怕的威脅，讓她們哭出來。」

「他會在開會時看看現場有誰，挑中一個人，開始攻擊他們——目標通常是女性，但不一定。然而，後來出現 #MeToo 運動，我們注意到他刻意讓自己變得有禮貌。他會找這次要欺負的對象，然後突然想起來：『不能那樣做。』他有自知之明，知道要自保，也知道自己何時太過分了，要收回來一點。他甚至會偶爾仁慈一回，證明他是好老闆。」

這位執行秘書不只一次被這個老闆降職與升職，但似乎是看老闆一時興起，他不太清楚為什麼會被降職，也不懂為什麼升職。他一旦接受老闆做事沒道理，他變得超然，不當成是自己做了什麼而導致一些事。他不求得到老闆認可，只希望把工作做好，贏得同事的讚美與肯定。這位執行秘書因為認可老闆的聰明才智，有辦法忍受這樣的人。

這位執行長的自戀很巧妙。他有足夠的自覺，也知道別人怎麼看他。也就是說，如果有損於他偉大的領導形象，他會克制不好的行為。這樣的聲譽管理自然十分不同於在乎別人過得好不好——你要關心別人才會在乎，注重名聲則是為了自己的利益。

雖然我們一下子就能看出自戀領導者帶來的危害，不可諱言的是他們替公司做出重大的貢獻。他們的主要能力是吸引與鼓舞追隨者。這樣的領袖通常才華洋溢，創意過人，在他們的領域是專家，例如賈伯斯的例子。他們比別人有遠見，擁有實現願景的樂觀精神與勇氣。由於他們需要有人欣賞，甚至是被奉承，他們通常是出眾的表演者與演說家。就連缺乏同理心也是他們的優勢，他們沒有心理負擔，有辦法做出必要的困難決定，例如：結束公司或裁員。

極端的自戀者永遠需要掌控事情，也需要別人的讚美，渴望地位，這解釋了為什麼他們會努力爬到高位。然而，雖然這種特質能讓他們在職涯裡往上爬，但過度膨脹自己的本事，最終將損害到判斷力。他們對自己的點子過度自信，聽不進建言，不會採納不同的觀點，自認比所有人聰明。

精神科醫師蘇克維解釋，這樣的人一旦成為組織的高層，身處同溫層後，他們的自戀情形會惡化。他們愈感到自己有權有勢，就愈聽不進批評，陷在自己的想法迴圈裡。

蘇克維表示：「身居高位的人天天被讚美。你是執行長，人們整天告訴你，你好帥，你好聰明。你真厲害。這會助長他們的自戀。危險的地方就在那裡——那是『國王的新衣』現象。他們開始相信，自己得到的讚美是客觀與理所當然的，不會想到：『大家都讚美我是因為他們在拍馬屁，想要討好我。』」

在上位者的自戀情形，比較大的後果是他們不願意分享鎂光燈，甚至會因為嫉妒而攻擊下屬。看見別人獲得讚揚會惹惱他們。當公司的表現是靠「明星」執行長，成長與創新將受限，因為下屬不敢挑戰原本的點子，或是不敢提出新點子。此外，陰晴不定的執行長會讓員工恐懼，人們失去動力與幹勁。

這樣的人有可能改變嗎？答案要看他們自戀的程度。

自戀程度較不極端的人，在優秀教練或心理治療師的協助下，更可能學習與洗心革面。他們的願景、樂觀與鼓舞他人的能力，對企業來說是資產，但這些特質需要輔以自省的能力，下定決心控制自己的自私程度，有必要時願意尋求建議。此外，他們必須拋開二分法，不把人看成輸家和贏家而已，明白世上所有人都同時具備優缺點。不過，惡性的自戀者則幾乎不可能改變。

自戀通常會被等同於某些行為，或是某種性格特質，但如同貝德博士對於川普的描述，自戀也是一種自保的反應，以避開無法忍受的感受或創傷。核心的羞恥感通常源自兒童早期，甚至是嬰兒期。父母的無視、傷害或虐待，令年幼的孩子或嬰兒感到無助。孩子開始自認天生有不好的地方。這些令人難以忍受的感受被擠到一旁，藏在裝出來的自信底下。虐待或疏於照顧的情形愈嚴重，防衛的盔甲就愈厚實、愈堅固。這樣的人會以極端的手段保持自信的狀態，趕走痛苦的感受。

他們常見的防衛機制包括**理想化**與**貶抑**（devaluation）。他們需要別人的仰慕，以蓋過內心深處的不足感與脆弱，而這種需求會被貶低他人強化。他們把自己不想要的失敗感受，投射在不知情的對象身上，證明是別人擁有不好的特質，不是他們。這種人強化自信的基本方法，就是貶低他人。

自戀的父母經常會養出自戀的孩子。這種父母缺乏同理心，無法了解孩子的需求與渴望，讓孩子處於無助的狀態。他們把孩子視為自己的延伸，而不是獨立的個體，有自己的想法與性格。他們的子女通常是他們自己有多優秀的證明——「我一定是非常優秀的人，才會生出這麼優秀的孩子。」有些自戀的父母會不自覺地將不想要的感受，投射在孩子身上，擺脫自己的脆弱，造成孩子認為「自己才是糟糕的那個」。

保羅（Paul）是這方面的例子。四十四歲的單身漢，英國劍橋人，在活動承辦公司上班。保羅的自戀不至病態，事實證明他意識到自己有問題，來尋求協助，但他的情況依舊令人擔憂，具有重創自身職涯與傷害到他人的潛在風險。保羅來找我的原因是他最近剛升上高階職位，感到辦公室關係很棘手。第一次來諮商時告訴我，自己很難給予和接受意見回饋，他會看成是同事在攻擊他，防衛心過強，偶爾會反應過度。保羅的這種行為已經嚴重到在近日的員工評鑑中被提及，他擔心工作會不保。

有一陣子的時間，我們處理他提到的工作議題，但如同很常發生的情形，我們在找出他會什麼在辦公室出現攻擊行為時，觸及更深層的議題。事情與保羅的自戀有關。雖然保羅有一定的自知之明，最令人擔心的是他缺乏判斷力。他告訴我自己有多愛「吸點什麼」，還和一起工作的人夜夜笙歌。不過，保羅不願意承認在公私兩方面，他讓自己與他人處於多大的險境。保羅雖然意識到自己的反應不理性，強烈的內心感受又讓他感到自己沒錯。如果同事給出負面的評語，或是以任何方式害他沒面子，保羅會感到同事在對付他，也因此報復回去是應該的，至少他本人是這樣想。

「我向來認為，如果你對某件事沒有很深的感受，或許你不夠在乎。」保羅說：「我這麼執著，我覺得是好事，因為那代表我真心在乎，我對工作很有熱情。如果我對某件事感到沮喪，我可以靠抓著更正面的感受，擊退沮喪感。這是一個循環，我會用好心情壓過不好的心情——**雖然**有時會有反效果。你有可能太心煩意亂，好心情都沒了。」

保羅極度渴望讚美，害怕聽見批評，批評讓他感到很痛苦。他有很多行為都是為了避開無法忍受的感受，確保全都是正面的心情。

保羅解釋：「不論是被視為好主管，或是工作做得很好，外在的認可會讓我很興奮

——然而，我也喜歡讓人認為我幽默風趣，跟得上年輕人的潮流。」

保羅想讓別人印象深刻，範圍不限於他身旁的同事、客戶，以及其他工作上認識的人。保羅想讓人認為他跟得上時代——迷人、聰明、和他在一起很開心。保羅害怕被拒絕，討厭無助的感受，為了消除恐懼感，他希望別人感到他風趣開朗。保羅心中彎彎繞繞、層層疊疊防衛架構，高度扭曲了現實，以至於出現不恰當的反應。保羅在毒品的煙霧繚繞中，交了一些朋友，他相信自己和那些人有著深層的特殊連結。

保羅合理化自己的行為，堅持那些行為會帶來正面的結果。「如果我想讓人對我有很高的評價，我就會做好，**因為我想要**維持人們對我的正面看法，尤其是工作地點的年輕人，他們比較喜歡這種特質。年輕人不喜歡有點厭女的老派男人。」

保羅給的例子是曾經有女性的應徵者，開口要求比較低的薪水，少於同職位的男性。

「我很想告訴那個女性應徵者，我們就付你開的薪水，但我記得要說不能這樣。雖然她沒要求，我們必須付她更高的數字，我不想當同工不同酬的雇主，給女性低薪。我很想告訴認識的人，我幫忙促進性別平等。老實講，我會這麼做，比較是因為想被看成正直的人，不是真的想做正確的事。這有點自戀的傾向，真正的利他主義者，其實會為善不欲人知。」

「我沒告訴那位女性應徵者這件事，因為我知道要是說出我是多棒的男性主管，這會顯得自戀，講出來會有反效果。我很多的思考，背後都是為了讓人們認為我是新時代的好男人，不會性別歧視與種族歧視。我做的每一件事都是為了維持那樣的形象，而不是我就是那樣的人。我想要讓人對我有正面的看法，心安理得接受讚美。這是其中一個例子。」

保羅渴望在職場上被視為道德高尚，但也想被當成「懂玩」的人。這兩個願望都造成他想獲得讚美，希望人們對他感興趣，不論是否是真心的。

保羅的行為還帶有**狂躁**（manic）的特質，這是自戀人格的典型特徵。正面的經歷令人感到誘人、興奮，甚至是危險，而這能提振一個人的心情，壓下沮喪的感受。保羅的內心上演衝突，他必須控制自私的心態，但又有被崇拜的需求。

我問保羅：「你能否回想曾經因為想獲得別人的讚美，做出錯誤的判斷？」

「有。」保羅回答：「你會和你不該那麼做的人一起吸大麻，因為你想要保持你們之間那種美好的感受。或是你建立不恰當的友誼，最後分享太多個人的生活，不夠專業。」

我進一步問：「你永遠試著讓別人印象深刻嗎？」

「有一部分是那樣。我其實是想找到有相同興趣的人。半夜喝酒、開派對……你分享故事，你感到你們之間有連結。你做出一些對職場來講不恰當的事。」

當自戀者忙著建立美好的形象，看不見別人實際上如何看他們，他們是在自毀。保羅的問題在於太相信自己對事情的解釋，自認有辦法進入別人的內心，用別人的雙眼看自己。然而，保羅看到的版本，八成只是他自己的想法投射，並不正確。無論是假設人們故意冒犯他，或是誤會自己和別人很親密，這兩件事都會帶來有害的結果。

保羅的父母都是極端的自戀者，缺乏情商，無法克制自己的自私，也看不見自己對兒子造成的傷害。保羅雖然生氣父母自私的行為，他無法否認自己和爸媽有相似之處。

「有一部分的我繼承了他們的自我中心，這不是自嘲，我得和我的自戀搏鬥。我有所覺悟，我意識到需要克制自己的自戀傾向。」

保羅承認父母看不見真正的他，這解釋了為什麼他渴望獲得關注與被人理解。「我永遠在確認——我是否在試著讓別人看見我，以我的家人不曾有過的方式？我的父母永遠只以膚淺的方式照顧孩子，他們提供基本的生活所需：衣服、有飯吃、你要去學校啦？你還活著嗎？很好，非常好，打勾，打勾，很好——繼續。他們不會問：『你最近怎麼樣？』他們不會真心想知道你好不好，不會試著了解表面以外的事。我因此在各種地方尋求更深入的人際連結。」

保羅的自戀源自父母沒對兒子顯示真心的興趣，保羅感到被拒絕與羞恥。保羅在職場上被批評，或是碰上他眼中的攻擊時，早期被壓抑的情緒湧上來。另外，保羅的父親性格陰晴不定，控制不了情緒，兒子成為倒霉鬼。保羅在工作上的許多行為是在試圖控制結果，以避開童年時期碰上的怒氣。保羅努力讓大家對他印象深刻、喜歡他，減少被攻擊的可能性。

我們諮商一段時間後，保羅展現莫大的勇氣，檢視自己的自戀背後是怎麼一回事。保羅很誠實，探索內心，但也恐懼自己不理想的判斷力會毀掉職涯。這一切全都促成保羅的發展。保羅回想自己做出的改變：

「在職場上，我不再那麼容易認為別人都在攻擊我。我克服了微管理的傾向。事情和計畫不一樣時，我不會過度懊惱。我知道我有時發脾氣，其實是在生父母的氣。我尋求人際連結，好像還有一丁點的可能，我就會試著深入——那點依舊十分明顯，我因此有時仍會和需要保持距離的人當朋友。」

那麼我們該如何處理職場上的自戀者？第一步是找出你處理的是哪一種自戀。

□ 他們是否有任何自覺？
□ 除了對自己有利的時刻，他們對他人感興趣嗎？
□ 他們能否控制情緒？
□ 他們是否願意聆聽不一樣的觀點？
□ 他們聽得進批評嗎？

如果你的答案是絕對可以，那麼或許他們是「生產型自戀者」，你可以放心推銷點子，挑戰原本的看法。

別忘了我們都一樣，全都仰賴他人的讚美與正面觀感來增強自信。只要是人，被批評或暴露短處時，沮喪是很自然的。你碰上的自戀者不是怪物，只是早期有過創傷，情緒受挫，較為敏感。當你知道在他們魅力四射的自信外表下，有一個傷痕累累、心中害怕的人，可以協助你拿出更多同情心。

我和一位美國女性談過，她同情自己的老闆永遠渴望被人仰慕。那位老闆似乎什麼都有，聰明、英俊、事業成功，生活風格令人羨慕，在洛杉磯、紐約和南法都有房子

——但這位女性感受到老闆的空虛。

她談到老闆的自戀：「這就好像你車子的油箱有一個洞，你隨時需要加油，因為燃料一直從那個洞跑出來。你不是偶爾才跑一趟加油站，一定要定期加油。為了補充燃料，你需要更多的讚美，永無止境地加油。」

如果剛才幾題你的答案是「才怪」，那麼你處理的是極端的自戀狂。此時需要參考接下來的「你該這麼做」與「禁忌」清單。很不幸，這代表你不能靠理性來推論，這不是追求公平感受的時候。此時該有的回應會讓你感到違反直覺與判斷力。你可能會抗議此類建議不公平，想要揪出壞人，懲治他們。然而，不要只以是非對錯來想，想想看怎麼做符合你的利益。極端的自戀狂八成不會改，也無法回應合理的要求，如果一定得處理這種人的話，要想辦法適應的人是你。同樣的，你的許多溝通技巧將派不上用場，即便拍他們馬屁也不會有太大的用處——自戀狂通常很聰明。他們如果看出你虛情假意，只會弄巧成拙。你應該把目標放在讓他們盡情發揮長處，避免你的自尊與專業口碑受到不必要的傷害。

然而，如果你感到自我價值感已經被摧毀，自信全失，出現不符合性格的行為，你應該考慮和信任的人談，或是尋求專業的建議，檢視這個自戀狂是否挑起你的舊傷口。

此外，你有可能下意識接受他們負面的投射，相信自己是輸家。你要找人協助，打破這種在腦中打擊自己的獨白，看清有問題的人其實不是你。

不過，不要容忍虐待或霸凌。如果感到情況不可忍受，為了你的心理健康與快樂著想，另找一份工作才是正途。

以下是處理極端自戀狂的幾則提醒：

別這麼做：

- 忽視自戀狂。自戀狂八成會感到被冒犯，開始報復你。
- 與自戀狂對質。他們會陷入偏執的想法，心生恨意。
- 解釋自己。自戀狂大概會以高高在上的態度回應。
- 期待自戀狂會說謝謝，了解你的付出，對你有同理心，或是對你感興趣。
- 把他們的批評放在心上。
- 屈服於直覺，報復回去。
- 說出有可能傷害自戀狂自尊的批評或怨言。自戀狂感受到威脅時，他們會回擊。

- 試圖解釋你的觀點。除非那個版本的說法對自戀狂有利，要不然他們不太可能接受。

你可以做的事：

- 做好心理準備，自戀狂會搶你的功勞。降低你的期待。要知道他們的成功才是重點，不是你的。
- 省下力氣，不必試著讓自戀狂了解你的真心。找出他們想做什麼，盡你最大的力量配合。
- 受惠於他們的長處，承認他們很傑出，懂得鼓舞人心。
- 用讚美來開頭，開啟看法不同的對話與批判性回饋。
- 記錄你們的對話內容與事件，好好保護自己。事情如果出錯，自戀者八成會怪到你頭上。
- 從朋友、家人或同事那獲得自信。
- 讓自戀狂看出你的點子能達成他們的目標。
- 忽視不合理的要求。他們在狂躁時，經常會下達辦不到的混亂命令。

11 福禍相依

——神經兮兮有時能救命

「只有笨蛋才會快樂。看報紙就知道，有什麼好快樂的？」

——愛麗絲・夏拉蓋（Alice Shragai）

愛麗絲是我媽。她不是心理分析師，也不是哲學家，只是以猶太身分為榮的人。她的人生經歷比世上所有的心理分析師加起來還多，至少我年輕時是這樣以為。愛麗絲渴望統治世界，但壯志未酬，想聽她說話的人不是很多。她的口頭禪是：「為什麼沒有任何人聽我講話？」愛麗絲疑惑為什麼沒人認真看待她的全球解決方案。

雖然愛麗絲盡最大的力量接受命運的安排，她的人生並不圓滿，一生中少有快樂的事，不過不曾憂鬱。她的另一句名言是：「全世界都在吃百憂解（Prozac），除了我。你難道不認為，若要論誰有資格吃這種抗鬱劑，不該是我嗎？」我無從反駁。

回首一九四四年，愛麗絲那年才二十歲。納粹軍隊抓住她全家，和科希策（Kosice，位於今日的斯洛伐克）城內其他所有的猶太人，一起送進奧斯威辛集中營。他們被關在載送牲口的車廂，好幾天沒水、沒食物。下火車後，愛麗絲的父母立刻被帶到右邊的毒氣室，而她被帶到左邊。在其餘的戰爭歲月裡，愛麗絲是半處於飢餓狀態的奴工。一九四五年集中營解放後，愛麗絲返回故鄉，希望找到還活著的家人，但這個夢很快就破碎。

在接下來數十年的歲月，至少在愛麗絲心中，她不曾離開集中營。她永遠在害怕。我和姊姊、父親只要上學上班晚回家，她就會回到當年見到爸媽最後一眼的恐怖時刻。我只要晚到家，她的暴跳如雷會嚇到我。我當時不了解母親看到的不是我，而是她失去的親人。母親很少談自己的遭遇，但她提過的事成為我的夢魘。

「每個從集中營回家的人，大家似乎至少還會有一個活著的親人：妹妹、阿姨，就算是遠親也好，只有我什麼都沒有。」母親說起這件事的時候，她會握緊拳頭，對著想像中的神拳打腳踢，好像在說：「祢怎麼可以讓這種事發生——雖然我不信你，氣死我了！」我一次又一次聽見母親這麼說，悲傷成為我人生的基調，深深不信任人性。

我小時候花無數小時想像當年的場景。母親在解放後是如何回到科希策？她到了之後睡在哪裡？誰給她衣服穿和地方住，讓她有一張床，有點東西吃？我的腦海被各種疑問淹沒，但母親透露的事不多，只給了我一個線索：「我回到科希策時，經過一座網球場。一個非猶太人的女孩對著我大喊：『你在這裡幹什麼？我還以為你們全死光了？』那就是我聽到的歡迎回來。」

母親似乎永遠都很激動。每次我怪她無理取鬧快逼瘋我，她就會說同樣的一句話：

「別怪我，去怪希特勒。」

這句話我同樣無言以對。我永遠無法成功說出想說的話，因為母親無疑是受害者，我只能是有罪的那一方。我怎麼有權進一步傷害她？我於是閉上嘴巴。

我剛進入青春期的時候，我發現溫柔地體諒母親，可以減輕她的焦慮。我把自己的需求擺到一旁，母親的痛苦遠比這來的重要，我開始照顧母親，努力幫她做復健，讓她重新接觸孩提時代喜歡的事物。我先是帶母親到公共花園，提醒她大自然裡不只有集中營，還有撫慰身心的地方。接下來，我們談天說地，聊書，聊政治。我們談到越南戰爭、水門案，不過大部分是聊以色列。母親承認「內心是共產黨」，但通常投票給共和黨，堅持那樣對以色列最好。她確實與眾不同。

我讓母親再次進電影院，也一起看了無數電視喜劇。就連看講納粹德國戰俘營的情境喜劇《霍根英雄》（*Hogan's Heroes*），母親也會笑。我終於有能正常生活的母親。沒錯，我的母親受過重創，但她也非常聰明，具備人道精神，幽默感十足。我以種種方式協助母親，不僅讓母親不再那麼焦慮，也減輕自己的罪惡感，替我做過的任何讓母親不高興的事贖罪。

我和孩子常會發生的事一樣，悄悄吸收母親的創傷，直到那成為我的創傷。我下定決心要了解，這個世界怎麼會眼睜睜看著猶太人被屠殺。等我到了母親被送進奧斯威辛集中營的年齡，我開始出現奇怪的體驗，感受到無法遏止的悲傷——這無從解釋，因為我沒有任何認識的親人過世。此外，我還出現強烈的飢餓感，對食物產生執念，最終演變成飲食失調。我不僅感受到母親無法面對的憂傷，自己也瘦成四十公斤，看起來像被關在集中營。我的腦海裡全是猶太人被屠殺的景象，我的身體吸收了倖存者的情緒。母親自認躲過憂鬱症，但如今我得了。或許比較適合由我來面對過去發生的事，畢竟我「沒待過那裡」。

我不僅必須處理母親的創傷，還得處理自己的。母親受的傷太重，無力呵護與關懷離開集中營後生的兩個女兒。我本身也有點高度焦慮，碰過我在本書提到的混亂教養。

正當我即將恢復內心的平靜，爸媽離婚了，整個家四分五裂。我為了逃離一切，重複我的家族史，我跑了。我在一九八〇年代中走遍歐洲各地，待上很長一段時間。日後除了短暫造訪，不曾再踏上歐洲的土地。不過，我除了繼承父母的創傷，也和他們一樣有活下去的能力。在我剛成年的歲月，我一直在逃，重新打造自己，遠離猶太家族豐富但痛苦的歷史。我父母的人生史成為我的人生史，我要逃離他們的人生，找到屬於自己的人生。

我擔任母親的「康復治療師」的那段日子，不僅讓我得以度過母親有創傷的日子，還引導我多年的職業走向。母親是我第一個協助的受傷靈魂，但絕不是最後一個。對我來講，治療破碎的人生和呼吸一樣自然。

所以說人生很諷刺，我童年遭遇的考驗與磨難，最終讓我擁有帶來滿足感的成功職涯——我最初是職能治療師與醫院計畫主持人，接著擔任亞歷山大技巧（Alexander Technique，譯注：克服身體症狀、處理心理焦慮的技巧）老師、心理治療師，後來又成為高階主管教練。此外，我絕對不是世上唯一以這種方式因禍得福的人。先前的章節解釋過，早期的創傷與家庭失能，有可能限制或甚至嚴重打擊我們的職業生活。然而，一切的混亂與悲傷也有正面之處——在許多時候，我們採取的應對機制，讓我們替特定職業做好準備，甚至協助我們在職涯中表現良好。

孩子在適應功能失衡的家庭時，他們會發揮不可思議的創意，想出各種辦法。他們需要想像自己有美好的父母，爸媽關心孩子，這種需求很強大。心智會出現心理防衛與行為策略，確保這些想法能和某種現實交織在一起。應對機制最終成為性格的一部分。以我的例子來講，我想辦法控制家中的混亂情形，小心翼翼安撫母親的焦慮，讓她不再那麼容易發作，還成功將這些應對機制帶進職業生活——後文會再提，即便這麼做產生了一些後果。

有的人在人生早期得不到關愛或遭受虐待，但只要童年時期曾經感受到一絲被愛或有人保護他們，他們就會時刻被提醒，有一天依舊可能發生好事。儘管是無意識的，他們想從工作中獲得情感慰藉的需求因此很強。在混亂的家庭生活中，曾經有某些方法讓他們成功獲得有限的關注與安全感。他們日後也在工作中運用那些方法，以解決實務問題與情緒問題。然而，因為工作做得好所獲得的讚美、肯定或財務報酬，不論有多當之無愧，似乎永遠無法完全滿足原始的渴望。

許多人想成功的動機，直接源自早期需要愛與安全感，他們在童年學到的作法，日後成為有效的技能與行為。他們除了清楚意識到自己渴望成功，潛意識也想獲得人生早期缺乏的情感寄託。如同接下來的幾個例子，意識與潛意識的組合帶來驚人的結果。

理查（Richard）溫文有禮，心胸開闊，年近四十。他在診療期間談到小時候如何極力討好冷漠的母親。他的母親受不了孩子常見的鬧脾氣與不乖的行為，理查為了討母親的歡心，變得很會看她的臉色，日後在辦公室政治裡也很會察言觀色。理查為了避免被趕出家門，預先設想家人要什麼，把一切準備妥當。他日後在專業的場合裡，也不自覺地運用這樣的能力，大獲好評。理查工作的動機不是升官發財那麼簡單，他永遠渴望被人接受，需要安全感。

理查向我解釋他從小到大的人生主題：「我還很小的時候，我記得我會做各種事取悅母親，例如：清潔踢腳板、煮飯、自己穿衣服等等。你想像不到那種年紀的孩子有辦法做那些事。我必須討好母親，製造母親會認可我的情境，好證明她愛我。今日回想起來，這對我的職涯來講有相當正面的影響。辦公室形勢詭譎時，我觀察風向，該完成的使命都能完成。」

理查從客戶與同事那得到的反應，無一不是：「和你合作真是太享受了；你很會掌握氣氛，知道大家要什麼，再難辦的事也能辦成；和你一起工作永遠很愉快。」

理查因為有難伺候的母親，長大後擅長揣測人們的情緒反應，以免嘗到被冷落的滋味。

「在企業的脈絡下，這種事反而被當成情商。」理查解釋。

另一位男性尼克（Nick）也向我談到，他小時候躲進生動的幻想世界，逃避陰暗的英國倫敦國宅童年。尼克從小父母就離婚，他必須照顧有憂鬱症的母親，可以想像成長過程不免灰暗。尼克為了逃避這樣的現實，幻想出令人雀躍的樂觀世界，甚至講話帶有美國口音，好讓自己更迷人。尼克萬分想要遠離讓人心情沉重的家庭生活，從小想像身邊都是名人，長大後因此在娛樂管理與行銷產業如魚得水。

尼克渴望脫離沉悶的小時候，再加上志向遠大，在娛樂圈開創出屬於自己的事業。如他所言：「我逃離常規的生活，遠離日常的一切，那就是為什麼我不曾找過外頭的工作，永遠打造我自己的世界。」

尼克童年時期夢想的世界，帶給他一顆充滿奇思妙想的頭腦，帶動他的公司成功。此外，尼克意志堅定，有辦法冒必要的險開創事業。他不只想要尋求財務上的成功，還想進一步遠離悲慘的童年。事實上，尼克在逃離的時候，冒險感覺永遠是必要元素——那是他的抗鬱劑。

「人們冒事業的風險時，很容易事後再找合理的解釋，號稱：『我衡量了所有的利弊得失。』尼克解釋：『我則多半靠直覺——渴望冒險是我的DNA的一部分。我們開創這個事業完全是為了帶動娛樂行銷產業，帶來翻天覆地的改變。』」

如果悲慘的過去促使你和尼克一樣，踏上發揮創意的樂觀人生道路，那麼渴望醜小鴨變天鵝是一種正向的反應。你不會假裝黯淡的過去不存在，反而以你獨有的方式增添色彩。我們告訴自己的故事，不只說出我們如何看待自己，也說出我們認為哪些事有可能發生。尼克的例子告訴我們，我們有潛能，我們可以寫下自己的敘事，助我們的專業生活一臂之力。我們先要有辦法想像成功的未來，才能實際擁有成功的未來。

許多人除了渴望成功，內心也希望改寫人生故事，兩種動機加在一起成為強大的組合。不想被遺忘、需要安全感，全是很強大的動力，絕不亞於渴望財務或事業上的成就。接下來的例子解釋了渴望逃離，再加上有能力重新打造自己，將帶你走得多遠。

凱斯(Keith)三十歲出頭，替某公關公司工作三年多。他找到我是因為讀到我在《金融時報》上，一篇談混淆親密關係與專業關係的文章。凱斯討人喜歡，能說善道，衣著得體，我們相談甚歡，我尤其訝異凱斯毫不費力就令我感到自在，這通常是教練或治療師會辦到的事。我們接下來的對話，解釋了這場不尋常的初次見面。

我問：「那篇文章提到的哪件事打中你？」

凱斯很快就卸下心防，談起自己的故事。他任職的公司最近狀況愈來愈糟，他知道再不離開就來不及了，但凱斯極度焦慮老闆的反應。雖然兩人在工事上合作無間，凱斯擔心老闆要是聽到他要走，不曉得會如何暴跳如雷。

凱斯和老闆的關係始於幾年前，他們在另一間公司認識，對方賞識他的聰明頭腦與交際手腕，離開前公司時，帶他一起走。兩人一起打造新公司，凱斯很快就讓老闆覺得這小夥子有一套，極度依賴他。凱斯沒多久就摸索出如何在老闆身上「下工夫」，讓老闆採納他的看法。

凱斯解釋：「在理性的層面上，除非你的邏輯滴水不漏，要不然不可能說服他。在感性的層面上，我萬分留意他的情緒，以及他關切的事，替他量身打造作法。你得挑對時間，確認他當下心情好。老闆有時很沒禮貌，在同事面前吼我，或是在我手裡有一千件事，他無所事事的時候，使喚我去買拿鐵。即便如此，我得到的待遇已經勝過其他每一個人。老闆聽得進我的話，不論做什麼決定都叫上我，我的意見會被採納。我是他最鍾愛的部屬。」

到了不得不走的時刻，凱斯鬆了一大口氣，因為他成功說服老闆開除他。「我一點一滴讓老闆得出那個結論。是他想要趕我走，他決定讓我離開，控制權在他手中，所以我離開沒關係。」

凱斯有辦法解讀人心與判斷情勢，這是他專業上能成功的原因。「我向來很快就能弄懂一個人。你看他們的眼神，就知道他們是否感興趣。你可以看出誰不喜歡誰。如果某個人感到不安，你可以如何安撫他們？如果有人想要主導情勢，或是想當全場最重要的人，我會非常留意那種事。我感覺得到某個人想當老大，或是感到不曾有人聽他們說話。」

凱斯解釋，他通常會以超然的態度和人相處，他會問自己：「這個人需要什麼？我想辦法配合。」

「如果你能找出人們的情感需求，他們通常會照你想要的方式做。整體而言，我會想辦法讓人聽我的，這樣做事比較方便。通常長輩會比同齡的人吃這一套。」

「你能否多談一點，你是如何學到這種作法？」我問。

「我猜是因為我在學校常被霸凌，我學會如何避免觸怒別人。我有一段時間朋友不是很多，小心翼翼，不敢講錯話惹別人生氣，落得沒人想和我說話的下場。我在童年與青少年時期必須處理別人的情緒，萬一我做錯事讓人生氣，我會被揍得很慘。我因此非常留意人們的性格——他們說什麼、不說什麼。我會立刻處理糟糕的可能性，那種人們心情不好時會發生的事。」

凱斯又說：「在職場上，手腕圓滑能助你一臂之力。你不必真的動刀動槍，只需要避免災難——尤其是在公司生活中。」

我好奇為什麼凱斯在長輩面前吃香的程度，勝過和同儕相處。會不會是他下意識想獲得父親的關注。

「我猜第一個對你有這種影響力的人是你的父親。」我說。

「是的，我猜他是最早的起點。我父親隨時可能發脾氣。我因為預測不了他什麼時候會發飆，永遠小心翼翼。」

「可以多談一點你的父親嗎？你對他有什麼感受？」

凱斯解釋他來自利物浦的工人階級家庭，家裡永遠在煩惱沒錢。

「**我父親**想當一個好爸爸，只可惜他控制不了脾氣。他失去理智的次數太多，毀了我們父子的關係。我試過和他一起從事活動，但他興趣不大。他在工廠工作，工時很長，經常累壞了。他覺得要養四個孩子壓力很大。我們常破產，錢壓得他喘不過氣。此外，我猜他從小身邊也沒有優良的範本，不曉得如何當爸爸。」

「你是否試著讓老闆關注你，就像你試著讓父親關注你？」我問。

「是的。我想大概是因為我在學校有好表現，得到過讚美，我試著當好學生，再度獲得讚美，但後來有反效果。大人不希望我表現得太好，把其他的兄弟姐妹比下去，所以那種作法沒用。」

凱斯談自己最終成功打造新生活，遠離早期的灰色人生。

「我完全融不進身旁的世界。我是那種會讀書的小孩，娘娘腔，性格敏感，但我讀的是利物浦壞學區的流氓公立學校。我非常不快樂。我完全不想變成從小一起長大的那些人，也絕不要變成我爸。我唯一知道的一條路就是上大學。我所有的動力來自渴望遠離家鄉。」

「我後來改造自己，改變口音，改變穿著打扮，搬到倫敦。我很快就發現工人階級不可能有什麼好前途，所以我學習假扮成中產階級，和中產階級的人相處。」

「我記得我很快就學到，人們喜歡和自己相像的人。如果你和他們不像，他們就不喜歡你。我因此學到融入的方式，比如說謊。我不曾提自己念哪間學校，人們自然會把他們的假設，投射在我身上。每個人都以為我是念高級的英國私立學校，而我不曾糾正他們。我心想：『你們想讓我當什麼人，我就當什麼人。』如果他們認為我穩重無趣，我很樂意被那樣看待，因為我知道那是他們的價值觀。人跟馬兒一樣，很容易被嚇到，所以我試著配合人們想聽到的話。」

凱斯早期的因應策略，讓他得以逃離不幸的童年，財務上很成功，不過我詢問在公私兩方面，他是否付出代價。凱斯坦承由於偏向把工作關係視為交易關係，無法在工作中建立友誼，有時會感到孤單。不過，真正付出代價的不是他的職業生活，而是個人生活。凱斯太努力塑造人們要的形象，如今感到弄不清楚真正的自己，比較難找到氣味相投的人，也比較難拿出同理心。雖然凱斯待人處事的方法，讓他在商場上如魚得水，但也當然會妨礙他建立個人關係。

「壞就壞在那。我不能單純是自己，我變得十分功利。如果有人能告訴我，如何能在沒有良好出身的情況下，照樣能改善生活品質，我願意努力。但我看不出能怎麼做，除非你是足球明星。」

凱斯非常成功地替自己打造出新身分，讓同事、客戶與上司最能接受，但代價是喪失自我。凱斯保護自己的方法是把工作關係視為交易關係——如果人們從來不曾真正認識他，又怎麼可能傷害他？

凱斯的盔甲一直很堅固，直到老闆觸發他心底的渴望與恐懼。凱斯沒能獲得父親的關注，如今他渴望老闆關愛的眼神，勤奮工作，討老闆歡心，但老闆欣賞他是有條件的。一旦凱斯不再那麼做（跳槽離開），他害怕自己獲得的讚賞（他眼中的愛）會被收回。

事實上，凱斯沒有如自己所想，成功逃離了過去。他的老闆和父親一樣是暴君。前文提過，即便下定決心改變人生，人會不自覺地渴望回到熟悉的地方，也因此可以合理假設凱斯無意間在工作上，讓自己再度掉進童年時期被羞辱的情境。凱斯在某些方面走了很遠，但某些地方舊事重演。我們逃離的情境，經常是我們無意間複製的情境。

有一種常見的觀點是把人們的成功，和他們早期的創傷經歷連結在一起。吃得苦中苦，方為人上人。麥爾坎・葛拉威爾（Malcolm Gladwell）在二〇〇八年的《異數》（*The Outliers: The Story of Success*）一書中提到，早年失去雙親會促使人們奮發向上，葛拉威爾稱之為「傑出的孤兒」。另一個經常被引用的例子是整整有十二位美國總統幼年失怙。此外，歷史學家露西兒・伊雷蒙格（Lucille Iremonger）早在一九七〇年，就在《火戰車》（*Fiery Chariot: A Study of British Prime Ministers and the Search for Love*）一書中提到，自十九世紀初到二戰期間，六七%的英國首相在十六歲前喪父或喪母。

「創傷後成長」（post-traumatic growth）一詞，指的是克服逆境後出現的正向人生轉變。我們遭逢劫難後，的確可能更堅強、強化復原力。然而，雖然我們喜歡聽這種「成功」故事，這種故事通常沒提及另一面：協助當事人活下去的事，也會衝擊他們的人生。有的人的確在遭逢創傷經歷後浴火重生，但這種事沒有表面那麼簡單。

如同本書研究的許多例子，早期的因應機制不僅是為了獲得高度渴望的安全感，也是為了控制身旁發生的事。討好父母或學著當討喜的人，可以降低家中的情緒溫度，壓在可控的範圍。在職場上，相同的策略也能用來控制結果，例如極端的強迫性工作行為，也能以這種方式解釋。「只要我工作夠努力，不出任何錯，我就會成功，不會發生不幸的事。」

然而，許多人努力到過頭的程度，變成工作狂，出現強迫／衝動性行為或陷入倦怠。雖然可能有助於事業，代價通常是個人關係受損。舉例來說，全心投入工作，一心一意想要事業有成，有可能是為了躲避親密關係帶來的強烈感受。對有的人來講，控制工作結果遠比處理親密關係的情緒起伏來得容易。

以我為例，我的早期經歷無疑帶給我力量。壞處是我唯一允許自己親近他人的方式，只有讓自己對別人來說有用處，如同我與母親的關係。我害怕親密關係——我必須學習如何擁有真正的關係。此外，由於我下定決心自立自強，我非常需要別人幫忙時，我無法接受協助。

處於這樣的窘境，不代表職涯一定會受挫，正好相反。工作可以提供發揮創意、人生重來的空間，你得以喘息、反思與與探討其他的可能性。心中的難關有可能引發衝突，讓人不知所措，但如果願意面對過去，檢視未來的選項，也可能改造自己。

有的人起先因為人格特質得以成功，但妨礙了進一步的職涯發展。我鼓勵這樣的人士正視保持那些特質將帶來的結果，例如：討好他人能找到盟友與避免衝突，但渴望被人喜歡，將很難下有時會不受歡迎的困難決定。情節輕微的控制狂能把事情做好，但過度渴望掌控會讓人不敢冒險，扼殺創新思考。凡事都要做到完美，能讓你不會和小時候一樣挨罵，職場上不會被批評，但這不是長久之計，因為完美需要投入大量的精力。如果父母是跋扈型的人，那麼乖乖聽話，具備團隊精神，或許是明哲保身的好方法，但你需要不怕被批評，勇敢提出想法，才可能發揮創意，當個亮眼的人。

由於人格特質和早期的因應機制密不可分，人很難改變。即便那些策略已經不再奏效，人們反而會不死心，一試再試。然而，當你的因應機制變成你解決所有工作問題的唯一辦法，此時會出問題。故事通常是你會發生某些事，例如陷入倦怠，或是員工考核的評語令你大受打擊。你被指出缺乏人際技能，或是下屬抗議你對他們有不切實際的期待。轉折點也可能出現在家裡。另一半抱怨你動不動就發脾氣，關係疏離，或是你意識到孩子長得好快，你錯過他們最重要的那幾年。或許你健康走下坡，血壓太高，頻頻出現與壓力有關的病痛。

你知道繼續這麼做的風險與危機，但你停不下來。不論是討好他人、強迫性行為、完美主義，或是以我的例子來講，我想要拯救別人，如果你向來只仰賴一種策略，你顯然很難改變。要是放棄這些策略，有可能讓童年壓抑的感受跑出來。你將得面對父母的真面目，而不是你想像中的父母，引發難過與悲傷的情緒。此外，你原本用討喜的行為藏得好好的，這下子其他的情緒也跑出來，也許是罪惡感或過去壓抑的怒氣。以我來講，我因為害怕傷害母親，不敢表達生氣的情緒，我不再照顧母親後，感到多年累積的憤怒湧現出來。

此外，我們的腦海裡有一個聲音不斷在害怕：「如果放棄習慣的作法，我會不會失敗？我目前為止的成就，會不會不見？」如果你相信自己先前能成功，完全是靠你的生存策略，你會一直胡思亂想，甚至恐懼自己會流落街頭，身無分文。

我通常會要大家放心，你不必百分之百完全放棄原本的策略——這實際上也是不可能的事。別擔心，你永遠可以在必要時刻再次仰賴那些方法。我會建議學著駕馭那些方法，同時也學習其他的應對方式。也就是說，完美主義、控制狂、討好，或甚至是拯救他人，依舊有它們的用處，但你必須知道它們何時帶來的是幫助，何時有害，避免過猶不及。

我不會放棄愛心與同理心這兩項特質，我喜歡協助他人。這是正面的特質，唯有忽視自身需求，愛心與同理心才有害。然而，我在個人生活與專業上要有所成長的話，我不得不檢視早期的人生。我太容易讓人依賴我，因為這樣可以確保我不會是脆弱的那一方。依靠他人也是需要學的事——我感到依賴比被依賴的風險高出許多。

對許多人來講，抓著過去的因應策略不放，後果比較會出現在個人關係上，而不是工作關係。強迫性的工作習慣造成人們的注意力，不會放在家庭與親密關係上。然而，生涯發展的代價一般發生在升職或轉型的時刻，原先仰賴的特質不再有用，或是幫倒忙。

理查想讓母親注意到他，什麼都搶著做。他談到這種過度努力的習慣，最後在職場上反而引發更多問題。理查愈小心翼翼察言觀色，留給自己的情緒頻寬就愈少。他的天線接收到的外界訊號，多過內心的訊號。理查因此摸不清自己的需求與感受，愈來愈仰賴從別人身上獲得安全感。理查天生的傾向是即便努力沒結果，他會付出更多的努力，試著修正任何有問題的情形。他沒發現問題主要出在組織身上，而不是自己的問題。理查付出的代價是想不出其他變通的辦法，也提不起勇氣做任何改變。

「如果有人誇你做得好，本質上不同於他們說愛你。」理查解釋：「有好多年的時間，我無法在心中區分這兩件事。你一起工作的人，沒義務要**愛**你。企業情境需要的回應是拉開距離，做出冷靜客觀的評估，提出不受情緒影響的見解。如果你的判斷力被蒙蔽，下意識需要獲得認可，你無法做出理想的策略判斷與專業判斷。」

我們遭逢最大的工作挑戰時，過去未解的問題通常會再度縈繞心頭，提醒我們要停下腳步思考。這樣的過程急不了，需要時間。一路上沒有明顯的終點，也沒有明確的路標，不過向我求助的人士，通常沒有那樣的耐性，讓我忍不住想以母親說過的另一句話勸大家：「只要你活得夠久，什麼事都會發生。」

12 我愛工作，有一天工作會愛我嗎？

我永遠不懂快樂的人幹嘛起床。

這句話取自我的喜劇脫口秀表演。我當年是真的想不透，那些快樂的人，人生還有什麼好追求的。我會想改善我的表演，成功逗笑別人，深層的動機是擺脫自己的不快樂。我逃離寂寞，想找到一個地方，在那裡大家會看見我，給我歸屬感。我自認不值得別人愛，我講脫口秀是在試著讓自己很忙，不必面對沒人愛的事實。當觀眾以爆笑回應你的表演，你很難不當成大家愛你。即便偶爾會在台上把臉丟光，那種受到眾人喜歡的感受，讓我一次又一次回去表演。

雖然想在工作中找到愛，脫口秀喜劇是很極端的例子，很多人都有這樣的慾望。工作引發我們內心最深處的渴望與恐懼。人們會接受我、欣賞我嗎？人們會懂我嗎？我們全都渴望有人聽我們說話，想要有歸屬感，最後被愛。然而，「有一天工作會愛我嗎？」這個問題的答案是「會」嗎？我認為答案不是百分之百的會，也不是百分之百的不會，介於中間的灰色地帶。

有的人很幸運，聽到這個問題時，很有把握地舉手說：「會！」他們的職業帶來無窮的滿足感與獎勵，不但專業上有所發展，也帶來財務安全。工作能提供意義，你感到除了是在探索才能與興趣，也是在完成崇高的使命。有的人自覺不足，懷疑自己值不值得別人愛，對他們來說，工作有著更深層的意義，可以證明你過去被錯待，帶來你先前很渴望但得不到的讚美，或是尋找童年缺乏或很少出現的安全感、保障與愛。此外，有的人不擅長親密關係，沒有另一半或家人，工作提供了替代品——某種取代真親密的假性親密。

工作無疑會帶來好處——對許多人來講，充滿意義與同伴的職業生活，取代了鋪天蓋地的寂寞感。此外，對於極度恐懼或不安的人來講，工作提供了安全網。相較於他們內心的混亂，工作提供井然有序的生活。工作上的成功、工作做得好所帶來的讚美、努力後獲得的升遷，或是單純因為滿意職涯而感到快樂，全都能提升自我價值感，甚至還能大幅改寫敘事，過起截然不同的生活。

不過，完全只靠工作獲得情緒滋養的人士要小心。等你退休，或是公司倒閉或裁員，一下子失去工作，那該怎麼辦？生活將頓時失去保障，留你孤單一人，無依無靠。

有的人只想靠工作賺錢，用白花花的鈔票證明自己的價值，這樣的人士同樣也得小心。累積財富只能證明你成功致富，不保證大家都會愛你。如果一定程度的財富，讓你感到獲得認可與成功，那很好。然而錢的問題在於標準會不斷提高。一旦陷入「永遠還不夠」的循環，將證實一件令人失望的事：你無法透過財務上的成功，滿足被欣賞或被愛的渴望，治癒過去的傷口。此外，你可能出現本書談的高成就者、完美主義與工作狂等種種心理特質。你永遠在渴望更多，專案永遠「不夠好」，努力做到的成績一下子就被抛到腦後，你獲得的讚美永遠不足以讓你感到自己有價值。如果是這樣，那麼的確「工作永遠不會愛你」。

以上的意思，不是工作無法修正過去的傷害與痛苦。你的確該開心自己的成就，接受人們的讚美，別當成沒什麼。此外，偶爾摔倒一次，不代表前功盡棄。如果你能在工作中感受到自身的價值，更有自信，那麼是的，工作也會愛你。你將需要改變心態——這可不容易。你需要以本書解釋的方式檢視自己，找出錯誤想法的源頭。

改變需要以現實為依據，不讓過去跑出來，影響我們判斷今日發生的事。工作有可能帶來心理的迷霧森林，如果要穿越那片林子，你必須明白工作關係有一定的極限。工作和所有的人類關係一樣，有令人失望與沮喪的時刻。雖然工作帶來機會，有可能滿足我們的情感需求，不要全部仰賴工作。我要在這裡強調，工作關係和個人關係相當不同。工作關係主要是交易關係，親密關係則遠遠更為深入，更能包容我們的脆弱。不過，兩者都隱藏風險——創新有可能失敗，接近一個人有可能被傷害，而且永遠有可能被拒絕。

我們在職場上保護自己，使用「同事」、「老闆」或「下屬」等稱呼，就好像那不是真正的關係。這樣的詞彙保持了人與人之間的界線，同時也暗示我們不該需要這些人，也不該對他們有任何強烈的感受——但我們的心情當然通常會受到工作上的人影響。然而，雖然工作會引發強烈的情緒，職場卻不太容忍人們有情緒。你只能在一定的範圍內表達情緒。從效率與行為規範的角度來看，這種作法情有可原，十分合理。然而，沒被表達、處理與理解的情緒，讓許多人不知所措，而且矛盾的是，我們某些面向的表現，其實將得仰賴情緒，例如：展現熱情、發揮想像力、理解他人與拿出同理心，全都與我們的情緒密不可分，但同一時間職場又不允許人們有感受，認為我們應該把感受藏在心底，要「專業」才行，就好像工作只想要我們的「好」感受，不准有「不好」的感受。我們得靠自己解決這個落差，花時間處理與了解自己的情緒生活。

我們必須自行盡量控制潛意識，以免對職場帶來潛在的傷害。舉例來說，如果誤以為上司真心關心我們，執著於想保住那份關愛，有可能無法客觀思考，做出明智的抉擇。我們必須小心，我們有可能試圖避免某些情境，卻因為誤判一些事，把過去的模板套在今日的事，反而無意間製造出那些情境。

工作的本質正在快速改變，我們必須發揮更多的心理力量。在這樣的時刻，意識到自己的潛意識動機將特別關鍵。零工經濟與快速的技術發展，讓職場愈來愈不穩定。疫情期間與過後的遠距工作，改變人與人之間的相處方式。表達謝意、確認表現與得到建議的時刻減少，偶然在對話中獲得靈感的機會也變少。人們需要情緒夠成熟，才有辦法走過不免出現的種種不安感、不確定性與挫折。不論是忍住不舒服的強烈情緒，有辦法區分過去與現在，以及配合新環境，有勇氣與想像力改變自己的回應方式，全都能協助你打造出成功的職涯。

我們重訪過去，不是為了依附過去，而是要獲得自由。本書強調我們要意識到自己的過去，了解自己是怎麼一回事，但洞見要化為改變和行動，才會具備真正的價值。這樣的自我檢視所帶來的未來，將不會是重蹈覆轍，而是開創我們的專屬人生。

謝詞

本書源自大約十五年前，我和諮商客戶開始檢視，在他們碰上的商業問題背後，其實是哪些潛意識主題。我們一起挖掘他們工作方式如何受內心生活影響。看見他們的專業生活與個人生活因此出現重大轉變，帶給我莫大的滿足感。他們替本書添磚加瓦，分享故事，唯一的目的只有協助他人。我萬分感激，也很榮幸能碰到這群坦率正直的人士。沒有他們，就不可能寫成本書。

諮商客戶帶來的早期靈感，讓我投稿《金融時報》。當時的《金融時報》幾乎不曾報導人們的情緒生活，但我的第一篇文章談難以平衡工作與家庭生活的父親，讓商業生活版（Business Life）的編輯賴維．馬圖（Ravi Mattu）與讀者心有戚戚焉，馬圖於是冒險，請我這個初出茅廬的作者定期供稿。我要感謝馬圖的事太多，也感謝我目前的

《金融時報》編輯伊莎貝爾．貝維克（Isabel Berwick）對我寫的東西感興趣，支持我發表。

我替《金融時報》撰寫專欄的期間，有幸訪問多位高階主管、商業顧問、學者、心理分析師、心理學者與思想家，他們不僅促進我的專業發展，也提供了本書的內容。我感謝他們所有人，尤其是凱瑞．蘇克維（Kerry Sulkowicz）的經驗、智慧與心理分析的商業應用，讓我印象非常深刻。我們一見如故，展開成功的工作合作關係，日後也培養出溫暖的友誼。此外，我非常感謝曼儒．凱特．維瑞斯（Manfred Kets de Vries）。他的多本書籍、大量的文章與無窮的智慧帶來了啟發。麥克．貝德（Michael Bader）的寫作讓我明白，複雜的心理動力概念照樣能深入淺出，引發讀者的興趣。此外，他永遠大方挪出時間回答我的問題。

要不是因為企鵝出版社（Penguin）編輯德拉蒙．摩爾（Drummond Moir）的鼓勵，我將永遠找不出時間、精力或勇氣來寫這本書。摩爾有一個寫書的點子，他想探討早期的家庭經歷如何影響人們的職業生活。他因為看過我在《金融時報》上的文章而找到我。我們一拍即合，展開帶來啟發又振奮人心的合作關係。摩爾的洞見與建議讓本書的每一章變得更好。文字編輯莉茲．馬文（Liz Marvin）的貢獻與建議，也讓文字更好讀、更通順。企鵝出版社裡還有其他人士也為本書付出心血，我雖然不認識他們，我深深感謝。在此還要感謝我的朋友艾莉森・威廉斯（Alison Williams），她是我的專屬讀者，仔仔細細閱讀每一章，提出有用的修正。謝了，艾莉。

其他人士也慷慨提供本書的內容，撥冗接受採訪，分享知識與經驗，包括瑪格麗特・赫弗南（Margaret Heffernan）、大衛・塔克特（David Tuckett）、彼得・馮納吉（Peter Fonagy）、亞麗珊卓・米雪兒（Alexandra Michel）、蘿拉・安普生（Laura Empson）、肯尼斯・艾索德（Kenneth Eisold）、羅西倪・雷文罕（Roshni Raveendhran）、史蒂夫・艾羅德（Steve Axelrod）、莎利－安・昌茲（Sally-Ann Tschanz）、尼爾・凡奎貝克（Niels Van Quaquebeke）、葛瑞格・霍德（Greg Hodder）。喬許・柯亨（Josh Cohen）協助我思考部分案例，增進我的理解。在此也特別感謝匿名提供協助的人士。

我不是最自信的作家，我需要鼓勵，幸好我的先生查理（Charlie）永遠替我加油打氣。甚至可以說，要不是因為他堅定不移地支持我，相信我，我很難寫成任何東西。他是聖人。

人在寫人生第一本書的時候，很需要有一兩位啦啦隊從旁加油打氣。幸好我有大量的親友，人數太多，無法在此逐一感謝，但我由衷感謝眾人的祝福，謝謝你們對這本書感興趣。此外，也要特別感謝我終身的好友馬克・馬陶塞（Mark Matousek），他總是鼓勵我寫作。

參考書目

① Anderson, C., Sharps, D.L., Soto, C.J., and John, O.P. 'People with disagreeable personalities (selfish, combative, and manipulative) do not have an advantage in pursuing power at work ' . *PNAS*, (2020), Vol. 117, No. 37, 22780-22786

② Axelrod, Steven. *Work and the Evolving Self* (New Jersey, The Analytic Press, 1999)

③ Bader, Michael. 'Secrets and Lies: Decoding the Dangerous Mind of Donald Trump' . *The Medium*, Feb 29 2020

④ Chatterjee, A. and Hambrick, D.C. 'Executive Personality, Capability Cues, and Risk Taking: How Narcissistic CEOs React to Their Successes and Stumbles' . *Administrative Science Quarterly*, (2011), Vol. 56, No. 2, 202–237

⑤ Duffy M., Scott K., Shaw J., Tepper B., Aquino K. 'A Social Context Model of Envy and Social Undermining.' *Academy of Management Journal* (2012)

⑥ Eddy, Bill and DiStefano, L.Georgi. *It' s All Your Fault at Work: Managing Narcissists and Other High Conflict People* (Unhooked Books, 2015)

⑦ Empson, Laura. *Leading Professionals: Power, Politics, and Prima Donnas* (Oxford University Press, 2017)

⑧ Garland, Caroline. *Understanding Trauma: A Psychoanalytic Approach* (Karnac,2002)

⑨ Gladwell, Malcolm. *Outliers: The Story of Success* (Penguin Books, 2009)

⑩ Goslett, Miles. 'Kid' s Company: How the Spectator first blew the whistle' , *The Spectator*, 1 February 2016

⑪ Heffernan, M. *Wilful Blindness* (Simon and Schuster, 2019)

⑫ Heffernan, M. *Unchartered* (Simon and Schuster, 2020)

⑬ Hirschhorn, Larry. *The Workplace Within: Psychodynamics of Organizational Life* (The MIT Press, 1988)

⑭ Hopper, Earl. *Trauma and Organizations* (Karnac Books, 2012)

⑮ Iremonger, Lucille. *Fiery Chariot: A Study Of British Prime Ministers and the Search for Love* (Martin Secker & Warburg, 1970)

⑯ Kahn, Susan. *Death and the City: On Loss, Mourning, and Melancholia at Work* (Karnac Books, 2017)

⑰ Kellaway, Kate. 'Patrick Marber: I' ll be in therapy for the rest of my life if I can afford it.' , *Guardian*, March 7 2020

⑱ Kets de Vries, Manfred F.R. 'The Dangers of Feeling Like a Fake ' , *HBR Magazine*, September 2005

⑲ Kets de Vries, Manfred F.R. *The Leader on the Couch: A clinical approach to changing people and organisations* (Jossey- Bass, 2012)

⑳ Kets de Vries, Manfred F.R. *Down the Rabbit Hole of Leadership: Leadership Pathology in Everyday*

Life (France: Palgrave Macmillan, 2019)

㉑ Kramer, Roderick, M. 'Paranoid Cognition in Social Systems: Thinking and Acting in the Shadow of Doubt.' *Personality and Social Psychology Review*, (1998), Vol. 2, No. 4, 251-275

㉒ Kramer, Roderick M. 'When Paranoia Makes Sense' . *HBR Magazine*, July 2002

㉓ McWilliams, Nancy. Psychoanalytic Diagnosis: *Understanding Personality Structure in the Clinical Process* (New York and London: The Guilford Press, 2011)

㉔ Maccoby, Michael. 'Narcissistic Leaders : The Incredible Pros, the Inevitable Cons.' *HBR Magazine*, January 2004

㉕ Maccoby, Michael. 'Why People Follow the Leader: The Power of Transference' . *HBR Magazine*, September 2004

㉖ Menon, T. and Thompson, L. 'Envy at Work' , *HBR Magazine*, April 2010

㉗ Michel, A. 'Participation and Self- Entrapment: A 12- Year Ethnography of Wall Street Participation Practices' Diffusion and Evolving Consequences' . *The Sociological Quarterly*, (2014), Vol. 55, 514-536

㉘ Michel, A. 'Transcending socialization: A nine-year ethnography of the body' s role in organizational control and knowledge workers' transformation.' *Administrative Science Quarterly*, (2011), Vol 56, No. 3, 325-368

㉙ Milliken, Frances J., Morrison, Elizabeth W., Hewlin, Patricia F. 'An Exploratory Study of Employee Silence: Issues that Employees Don' t Communicate Upward and Why ' . *Journal of Management Studies*, (2003), Vol. 40, No. 6, 1453-76

㉚ Milliken, Frances J. and Morrison, Elizabeth W., 'Organizational Silence: A Barrier to Change and Development in a Pluralistic World' , *Academy of Management Review*, (2000), Vol. 25, No. 4

㉛ Obholzer, Anton and Roberts, Vega Zagier eds. *The Unconscious at Work: A Tavistock Approach to Making Sense of Organizational Life* (London and New York: Routledge, 2019)

㉜ Raveendhran, R. 'Micromanagement: Misunderstood?' . *Businessworld*, January 2019

㉝ Reh, S., Troster, C. and Van Quaquebeke, N. 'Keeping (Future) Rivals Down: Temporal Social Comparison Predicts Coworker Social Undermining via Future Status Threat and Envy.' *Journal of Applied Psychology*, (2018), Vol. 103, No. 4, 399-415

㉞ Ruppert, Franz. *Trauma, Bonding and Family Constellations* (UK: Green Balloon Publishing, 2008)

㉟ Shragai, Naomi. 'How the children of working parents can thrive' . *Financial Times*. 16 May 2017

㊱ Shragai, Naomi. 'How not to worship your boss' . *Financial Times*, 26 July 2016

㊲ Shragai, Naomi. 'The fear of being found out' . *Financial Times*, 4 September 2013

㊳ Shragai, Naomi. 'Life with a narcissistic manager' . *Financial Times*, 28 October 2013

㊴ Shragai, Naomi. 'Paranoia at work is out to get you' . *Financial Times*, 17 July 2014

㊵ Shragai, Naomi. 'Surviving the success of others.' Financial Times, 16 April 2014

㊶ Shragai, Naomi. 'What drives an overachiever at work?' . *Financial Times*, 19 September 2018

㊷ Stein, Mark. 'When Does Narcissistic Leadership Become Problematic? Dick Fuld at Lehman Brothers ' , *Journal of Management Inquiry*, (2013), Vol. 22, No. 3, 282-293

㊸ Stein, Mark. 'Envy and Leadership' . *European Journal of Work and Organizational Psychology*, (1997), Vol. 6, No. 4, 453-465

㊹ Storr, Farrah. ‘Why Imposter Syndrome is Every Woman’ s Weapon’ . *Elle*, 9 June 2019

㊺ Tuckett, D. and Taffler, R.J., *Fund Mangement: An Emotional Finance Perspective* (London: The Research Foundation of CFA Institute, 2012)

㊻ Tedlow, R.S., ‘Leaders in Denial.’ *HBR Magazine*, July–August 2008

㊼ Van Quaquebeke, Niels. ‘Paranoia as an Antecedent and Consequence of Getting Ahead in Organizations: Time-

㊽ Lagged Effects Between Paranoid Cognitions, Self-Monitoring, and Changes in Span of Control.’ *Frontiers in Psychology*, (2016), Vol. 7, 1446

㊾ Vaughan Smith, Julia. *Coaching and Trauma: From surviving to thriving* (London: Open University Press, 2019)

㊿ Williams, Z. ‘Jenny Eclair: “Menopause gave me incandescent rage. It was like a superpower.”’ *Guardian*, 20 June 2020

51 Wright, P.M., Cragun, O.R., Nyberg, A.J., Schepker, D.J., Ulrich, M.D. ‘CEO Narcissism, CEO Humility and C-Suite Dynamics’ . *Center for Executive Succession*, (2016)